设计与手绘丛书

建筑手绘表现技法

Hand-painted Techniques of Architectural Design

王　炼　编著

化学工业出版社

·北京·

本书从手绘的概念、应用及学习方法导入，在讲解钢笔、彩色铅笔、马克笔工具运用方法的基础上，着重于手绘基本表现技法、透视及构图、建筑手绘表现流程、建筑配景、建筑空间综合表现的解析，并引导读者先临摹优秀作品，再进行默写及创作，使其潜移默化地掌握正确的手绘方法，以提升其手绘能力。

本书适用于建筑、环艺、园林规划类本专科师生以及相关设计行业从业人员。

图书在版编目（CIP）数据

建筑手绘表现技法 / 王炼编著 . 一北京：化学工业出版社，2017.6 （2023.4重印）
（设计与手绘丛书）
ISBN 978-7-122-29535-4

Ⅰ . 建…　Ⅱ . ①王…　Ⅲ . ①建筑画 – 绘画 – 技法
Ⅳ.①TU204

中国版本图书馆 CIP 数据核字（2017）第 086848 号

责任编辑：张　阳
责任校对：王素芹　　　　　　　　　　　　　　　　　　装帧设计：王晓宇

出版发行：化学工业出版社（北京市东城区青年湖南街13号　邮政编码100011）
印　　装：北京缤索印刷有限公司
787mm×1092mm　1/16　印张9¼　字数219千字　2023 年 4 月北京第 1 版第 5 次印刷

购书咨询：010-64518888　　　　　　　　　　售后服务：010-64518899
网　　址：http://www.cip.com.cn
凡购买本书，如有缺损质量问题，本社销售中心负责调换。

定　　价：49.80元

Preface / 前言

随着时代的发展和科技的进步，计算机的应用给设计行业带来历史性的变革。电脑绘图已经成为设计领域不可或缺的手段，其规范性、准确性、真实性以及便于修改等优势，奠定了电脑绘图的重要地位，它俨然成为了设计手段的主流，甚至全部。很多初学者甚至设计师认为，只要掌握了电脑基础就掌握了设计的全部，而手绘表现技法这种徒手绘画形式将被那些先进的计算机软件所替代。其实不然，虽然计算机已经普遍运用到建筑环境设计领域，并充分展示出优越性，但这些计算机软件都是人操作的机械行为，是设计者大脑中主观意识形态的反映，而且，优秀的设计师必须具备良好的艺术思维能力和丰富的创作灵感，这些都是任何先进的计算机软件不具备的。

手绘对于建筑和环境艺术设计行业人员的重要性不言而喻。它不是纯粹的绘画，而是表达设计构想的一种手段，是一种提高审美意识的途径。手绘在建筑环境设计领域里有其特定的表现形式，它已经从被动的模仿走向主观性的认识。由于建筑和环境艺术设计专业的手绘图要表达对空间理解的深刻程度，传达思想的流畅性，因此，建筑手绘训练不仅仅是塑造形体能力的训练，更是抽象的审美能力、空间立体思维以及沟通能力的训练。基于手绘在当下的积极意义，以及初学者对于手绘学习的盲目性的考虑，我们萌生了编著《建筑手绘表现技法》的计划。

本书与以往的同类书籍相比，有两大特色：其一，对建筑手绘表现技法的理解与时俱进，手绘在当下已经有了新的意义，快速徒手表现设计思维已经成了主流，因而本书对此进行了重点讲解；其二，本书十分完整地讲解了手绘表现的主要工具，包括钢笔、彩色铅笔和马克笔，作品比较全面展示了钢笔线稿、彩色铅笔和马克笔的基本技巧与使用方法，通过工具的讲解和作品的展现，更好地突出了工具对手绘的重要性，并对于各种建筑题材和不同的空间环境都有比较充分的展示。相信通过本书的出版，能对相关读者在认识手绘和学习手绘的道路上有一定的帮助，而这也是笔者最大的欣慰。

得益于化学工业出版社的有力组织，才有了出版本书的机会。本书由王炼编著，在写作过程中，得到了王闯等朋友提供的大力帮助。在此一并表示感谢！由于时间仓促，且笔者水平所限，书中难免存在不足之处，请各位专家同仁等批评指正，并提出宝贵意见！

编著者

2017 年 3 月

Contents 目录

1 基础知识

1.1 手绘及其应用

手绘表现是设计师必不可少的一门基本功，是表达设计理念、表达设计方案结果最直接的"视觉语言"。随着时代的发展、社会的进步，用手绘进行表现已不是一个最终的目标，而是一种手段，一种对空间进行思考和推敲的过程。手绘能直接反应设计师构思时转瞬即逝的感受和灵感，它所带来的结果往往是无法预见的，而这种不可预知性正是原创设计所具备的重要因素（图1-1-1）。

图 1-1-1　悉尼歌剧院创作手稿

当我们翻阅一些建筑大师的作品时，同样会发现手绘的重要性，柯布西耶、约恩·乌松、安藤忠雄、扎哈·哈迪德等大师的手绘作品告诉我们：原创性的设计应是思维的自然流淌，应是内心转瞬即逝思维的捕捉。一支笔，一张纸，足以让伟大的设计作品在此中诞生（图1-1-2）。

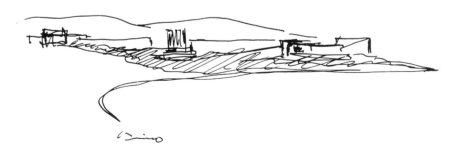

图 1-1-2　安藤忠雄建筑设计草图

手绘广泛应用于建筑、环境艺术等相关设计行业。它是学习和工作中不可或缺的技能。作为专业核心课程，手绘是每个学生在学习阶段必须掌握的基本技巧，且在研究生入学考试、各类技能大赛和职业考试中也是必考的科目之一。在步入建筑设计类行业之后，手绘更是工作中不可或缺的基本技能。从前期接到项目进行分析解读，到中期方案的初步构思，再到付诸于笔端形成比较成熟的设计方案，是一个眼、脑、心、手并用的、缺一不可的过程，其中建筑手绘的表达更能彰显设计师的思维特色（图 1-1-3）。

图 1-1-3 室内建筑手绘效果图

建筑手绘是把建筑和环境作为对象进行描绘的一种表现形式，它用较快的速度来描绘建筑和环境，其中，速度是关键，描绘是目的。建筑手绘不仅追求速度上的快捷，更要求设计师具备敏锐的观察能力和从整体上捕捉对象的能力，能通过对对象的观察分析和提炼，来丰富和完成画面。只有通过这样的练习，才能加深对物体的感性理解和记忆，提高设计师的艺术感受能力和面对复杂问题时随机应变的驾驭能力。

建筑手绘在建筑环境设计领域里有其特定的表现形式，它没有固定的法则，不同的人面对同一对象往往会有不同的感受，因而在构思、经营、风格等方面有很大的区别，创作出来的作品往往是个人修养、情感和内心的真实反映。可以说，从画面开始到结束的过程是创作者不断调整画面、调整自我和完善自我的过程。因此，当下的建筑手绘基础课需要研究和解决的问题和以往不同，它已经从被动的模仿走向主观性的认识。

建筑手绘不仅要画得准确、画得漂亮，更是要表达对空间理解的深刻程度、传达思想的流畅性。因此，相对于造型艺术，建筑手绘的训练不仅是塑造形体能力的训练，更是抽象审美能力的训练、思维和沟通的训练。它在建筑设计和环境艺术等领域有着不言而喻的重要性。作为一种视觉艺术创作，当手绘者的眼睛观察到对象时，视觉的图像会迅速联接到心灵，那种转瞬即逝的刺激即为手绘者最初、最原始的感受，这便是整个手绘表现当中的灵魂（图 1-1-4）。

图 1-1-4 贵州苗寨钢笔手绘线稿图

1.2 学习方法

对于从事建筑、环境艺术设计行业的设计师，特别是手绘初学者来说，手绘是表达设计构想的一种手段，是一种提高审美意识的途径。因而树立正确的认识、掌握正确的手绘表现学习方法显得十分重要。

建筑手绘表现是把表现对象尽可能如实地展现在画面当中。尽管一般绘画有太多的风格和流派，有的甚至是一种富有太多个人情绪的令人难以理解的抽象画，但是建筑手绘却是从古至今都尽可能地倾向于写实，其给人的第一印象就是要为大众所理解和接收。在画面的处理上，建筑手绘可以进行稍加艺术化的处理，比如形体夸张、色彩强弱等，但必须尽可能地突出形似。对于初学者来说，反复的临摹练习是最有效、最容易掌握的方法。值得注意的是，临摹不是一味地抄袭，而是要学习优秀的表现技巧和审美观念。很多优秀的画家和设计师也经常进行临摹练习。在掌握一定的技法、步骤、审美之后，就可以发挥想象空间进行创作了。

具体而言，学习的主要方法基本有以下五点。

① 了解材料和工具。掌握钢笔、彩色铅笔和马克笔以及纸张的各种特性，能区分每一

种材料和工具的性能，从尺寸到规格，从用笔到用色，从陌生到熟练，都是一个基本的过程。掌握好基本的材料和工具的性能后，就可以进行专项的学习和训练了。

② 从大到小，由简入深，从整体到局部，有计划、有步骤、有目的地临摹学习。意在笔先，即在画之前，对临摹的对象有个整体的认识，看到重点、虚实、线条、色彩关系、空间等要素，之后便可动笔。动笔时尽可能不用描红，不用铅笔起稿，直接用钢笔开始作画，这样不仅锻炼了作画的技巧，更锻炼了临摹者整体运作画面的能力。临摹的对象比较广泛，刚开始可以从树木、人物、花草、汽车等单体开始，之后逐步深入，以充实画面，最终临摹到较为完整的建筑绘画作品。在临摹中，一定要注意对象的准确性和用笔的灵活性，以提高迅速记录和表达对象的能力。

③ 掌握的初步技法和技巧后，就可以对着照片或者实景进行写生描绘了。多画小稿，可以准备一个小的便签本，或者小的水彩本。画面中没有生动的细节，寥寥几笔，几块颜色，这样就锻炼了作画者的整体意识和宏观控制能力，效果极佳。

④ 从作品中发现问题，并找到解决问题的方法。有目的地去临摹经典的范例，一般可通过临摹—写生—临摹—写生，即发现问题、解决问题的方法，来巩固提升自身的表现技法和整体手绘水平。

⑤ 了解、掌握建筑手绘表现技法的基本规律，建立一定的艺术创作的认识论和方法论，并在以后的艺术实践中不断地丰富和完善自己，同时要勇于突破。

建筑手绘表现一般可分为线稿和上色两个部分。从点到线，从线到面，从面到体，从体积再到空间，这是空间形成的过程。不管是面，还是体积，都是从线条开始的，线条是建筑手绘最基本的要素。如何运用线条来表现客观事物显得尤为关键，且具有重要的意义。

在整个建筑手绘表现过程中，要大胆地运用线条来表现对象，体会不同线条表现对象时的不同感觉，升华自我感受；充分运用线条的轻重、长短、疏密、节奏、组合等来综合把握整个画面的艺术效果，加强线条的灵活性和生动性，这样不仅能增强艺术感染力，更能鲜明地反映和升华对象（图 1-2-1）。

运用色彩是为了突出主题、强化主题。色彩多种多样，又变化莫测。在建筑手绘里，上色对整个画面起重要作用。色彩渲染得好坏，用笔是否肯定，是否笔笔到位，决定了一个手绘者水平的好坏。用色的时候尽可能大胆些，运用夸张的手法对建筑环境进行上色渲染，可以使画面更有表现力（图 1-2-2）。

在画建筑手绘时，为了保证准确，首先要求所画的轮廓符合透视原理，这不是说每一个轮廓或者细节都必须遵循透视的原理，因为这样太繁琐。古今中外，描绘任何一栋建筑时，不论建筑规模大小，只要大的轮廓和比例关系基本符合透视关系即可。至于细节，比如门窗和小的装饰物品，可以凭借经验和感觉的判断来完成。

要注意的是，对于建筑手绘，不要拼命地练习所谓的建筑表面的马克笔写实效果，更要注重设计中手绘表现的实际目的。而且，那些高超的绘画技法难度很大，会导致花费大量的时间训练，却没有实际意义。因此，面对大量的设计训练和方案要求，还是应该力求快速而简洁的手绘表现形式，以体现空间结构，突出设计思维，营造整洁画面。

由此可见，手绘表现发展到今天已经有了新的手段和意义，我们应将手绘表现同纯粹的绘画艺术彻底地区分开，将徒手创作能力作为首要的训练目标，将手绘表现效果视为次要的训练目标。在这样客观、成熟的认知前提下学习，才能真正体验手绘所带来的快感和现实意义。

图 1-2-1　尼泊尔老街建筑线稿手绘

图 1-2-2　丽江民居彩色铅笔手绘表现

1.3 工具及材料

1.3.1 笔

笔，是人类的一项伟大发明，是供书写或绘画用的工具，多通过笔尖将带有颜色的固体或液体(墨水)显现在纸上或其他固体表面，以绘制文字、符号或图画。在建筑手绘表现里，经常使用的笔包括美工笔、针管笔、中性笔、彩色铅笔、马克笔，等等。

(1)美工笔

美工笔是借助笔头倾斜度制造粗细线条效果的特制钢笔，被广泛应用于美术绘图、硬笔书法等领域，是艺术创作时的广受欢迎的工具，非常实用（图1-3-1）。使用美工笔，不仅可写可画，还能让人在使用它的同时，得到一种艺术的享受和熏陶。

美工笔有一般用法，也有特殊用法。使用时，把笔尖立起来用，画出的线条细密；把笔尖卧下来用，画出的线段则宽厚。这是任何一支一般钢笔所没有的功能。

用美工笔书写、描绘出的文字或图案，色泽可以保持得比一般钢笔更为持久。这是因为一般钢笔与美工笔所使用的墨水是不同的。一般钢笔大多不使用碳素墨水，而美工笔所用的却是靓丽浓重的黑色碳素墨水。

(2)针管笔

针管笔是绘制图纸的基本工具之一，能绘制出均匀一致的线条。笔身是钢笔状，笔头是长约2cm中空钢制圆环，里面藏着一条活动细钢针。上下摆动针管笔，能及时清除堵塞笔头的纸纤维（图1-3-2）。

图 1-3-1　美工笔笔头　　　　　图 1-3-2　不同规格大小针管笔

针管笔有不同粗细，其针管管径有从0.1mm到2.0mm的不同规格，管径的大小决定所绘线条的宽窄。在设计制图中至少应备有细、中、粗三种不同粗细的针管笔。但是，在手绘表现中一般没有要求，使用方便、得心应手即可。常用的品牌有雄狮、马可、樱花等。

(3)中性笔

中性笔又称水笔，是一种使用滚珠原理的笔。笔芯内装水性或胶状墨水，与内装油性墨水的圆珠笔大不相同，书写介质的黏度介于水性和油性之间。中性笔起源于日本，是国际上流行的一种新颖的书写工具。它兼具自来水笔和圆珠笔的优点，书写手感舒适，油墨黏度较低，并增加了容易润滑的物质，因而比普通油性圆珠笔更加顺滑，是油性圆珠笔的升级换代产品。它造价低廉，携带方便，笔芯粗细规格多样，线条流畅。目前，中性笔是建筑风景速写中最常见的绘画工具（图1-3-3）。

（4）彩色铅笔

彩色铅笔由经过专业挑选的，具有高吸附性、显色性好的高级微粒颜料制成，具有一定的透明度和色彩饱和度，在各类型纸张上使用时都能均匀着色，流畅描绘，笔芯不易从芯槽中脱落。这是一种非常容易掌握的涂色工具，画出来的效果类似于普通铅笔。其颜色多种多样，画面效果较淡，风格清新简单，且笔触易于被橡皮擦去。彩色铅笔有单支系列（129色）、12色系列、24色系列（图1-3-4）、36色系列、48色系列、72色系列、96色系列等。

图1-3-3　黑色中性笔　　　　　　　　　　图1-3-4　彩色铅笔

一般而言，彩色铅笔分为两种，一种是水溶性彩色铅笔（可溶于水），另一种是不溶性彩色铅笔（不能溶于水）。

（5）马克笔

马克笔（Marker pen），又名记号笔，是一种书写或绘画专用的绘图彩色笔，本身含有墨水，且通常附有笔盖，笔头坚硬。马克笔的颜料具有易挥发性，适用于一次性的快速绘图，常用于效果图绘制、广告标语书写、海报设计或其他美术创作等。在建筑手绘表现中，马克笔几乎成为了主流的上色工具。马克笔可画出变化不大的、较粗的线条。现在的马克笔按照墨水的不同，可分为水性、油性（又叫酒精性）两种。水性的墨水是不含油精成分的内容物，油性的墨水因含有油精成分，故味道比较刺激，且较容易挥发。

常用的马克笔品牌有国外、国内两大类。

1）国外品牌

①美国AD：油性墨水，发泡型笔头，价格昂贵，但效果最好，颜色近似于水彩的效果，每支18～20元（图1-3-5）。

②美国三福（SANFORD）：油性墨水，发泡型笔头，双头，可以变化笔头角度画出不同笔触效果，颜色柔和，效果较好，每支8～12元（图1-3-6）。

图 1-3-5　AD 马克笔

图 1-3-6　三福马克笔

③ 美国犀牛（Rhinos）：油性墨水，发泡型笔头，双头，笔头较宽，色彩饱满，性价比较高，每支 8 ~ 10 元（图 1-3-7）。

④ 韩国 TOUCH：酒精性墨水，纤维型笔头，双头（小头较软），效果很好，每支 12 ~ 13 元（图 1-3-8）。

图 1-3-7　犀牛马克笔

图 1-3-8　TOUCH 马克笔

2）国内品牌

① 金万年：高密度纤维头，是国产中最好的品牌。

② 凡迪（FANDI）：价格便宜，适合初学者用来练手。

③ 遵爵油性马克笔：是国内所有同类产品中最好的，质量、表现效果俱佳。

④ 法卡勒酒精性马克笔：价格合理，但效果很好，颜色近似于水彩的效果，价格在 5 元左右。

⑤ 国产 TOUCH：有三代、四代、五代等，性价比较高，价格在 2 元左右（图 1-3-9）。

（6）其他笔

在建筑手绘表现中，还有铅笔、毛笔、炭笔等手绘工具，可以在手绘中起到一定的辅助作用，但是一般较少使用，初学者只需适当了解即可。

图 1-3-9　国产 TOUCH 马克笔

1.3.2　纸张

纸张，纸的总称，是用植物纤维制成的薄片，用于绘画、印刷书报、包装等。这里我们简单介绍几种建筑手绘中常用的纸。

（1）素描纸

素描纸的厚度介于打印纸与牛皮纸之间，有两个面，其中一个面较为粗糙，适于铅笔与炭笔着色。初学通常使用 8 开大小的，熟练后用 4 开。素描纸是常见的手绘用纸之一（图 1-3-10）。

（2）打印纸

打印纸是指打印文件以及复印文件所用的一种纸张，具有规格整齐、造价低廉、直面光滑、携带方便等优点，也是一种手绘中最常使用的纸张。不论是线条的表现，还是彩色铅笔和马克笔上色表现，打印纸都可以作为载体来完成，且效果不错。其规格有 A0、A1、A2、B1、B2、A4、A5 等（图 1-3-11）。

图 1-3-10　素描纸

图 1-3-11　打印纸

（3）马克笔专用纸

马克笔专用纸又称唛架纸、绘图纸等，是厂家为马克笔手绘表现专门定制的一种纸张。纸面较光滑，比一般的打印纸要厚一些，色彩的吸附力也更好，尺寸一般都是以 A3 为主。价格适中。

（4）其他纸

在建筑手绘里，还会用到其他的纸张，比如水彩纸、硫酸纸、有色纸等。水彩纸是上色的最佳用纸，有粗、中、细纹理，一般采用细纹理。水彩纸成本较高，一般在手绘领域中的普及率较低。硫酸纸是一种专业用于工程描图及晒版的半透明介质，表面没有涂层，在手绘方案图时常常使用。有色纸是在普通白纸的基础上施加其他颜色的一种纸张，在建筑手绘效果图中，作为特殊效果使用时时常用到，但是，一般情况下使用较少，初学者基本了解即可。

2 基础表现技法

2.1 线条训练

　　线条是手绘的开始，也是一切表现技法的中最重要一种表达方式。画线条最重要的是要学会放松自己的状态和情绪，对于设计手绘中的线条，不要把它想得都有多难，不要认为能画出像"尺子"一样的线条才是最好的。初学者应该对手绘中的线条有正确认识：越是轻松舒缓的线条，越具有设计专业的气质，因为这种线条具备了丰富的张力和表现力（图 2-1-1）。

图 2-1-1　香港湾仔街道钢笔速写

　　画线条时的握笔要尽量靠笔的中部位置，使笔和纸面成斜角，不要垂直，这样视线开阔，便于灵活运笔。在运笔的过程中，出线要果断、肯定，手放轻松，心态平稳，呼吸均匀，手笔同步运行，这样才能画出趋向性较明确的线条（图 2-1-2 ～ 图 2-1-5 ）。

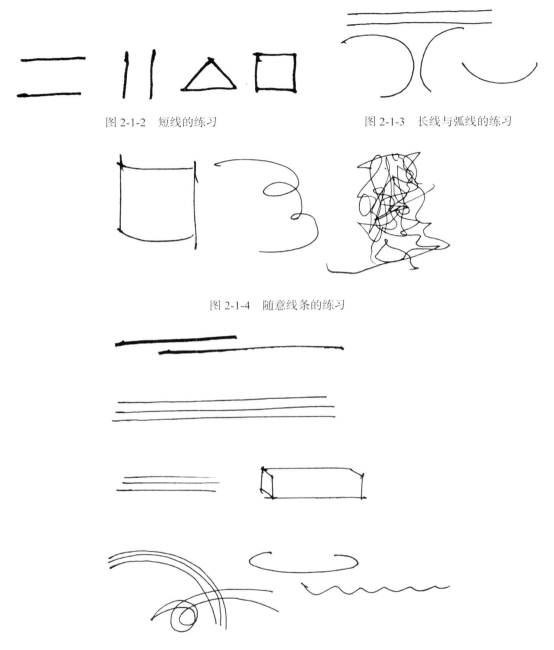

图 2-1-2　短线的练习　　　　　　　　　　　　图 2-1-3　长线与弧线的练习

图 2-1-4　随意线条的练习

图 2-1-5　粗线、细线、直线、弧线的练习

■2.2　线的排列与组织

　　由线到面，由面到体，由体到空间，这是手绘表现的自然规律和完整过程。在建筑手绘中，单独的一根线条是一切的基础，线条的排列和组织构成了画面中的大千世界。因此，

线条的排列和组织在训练中起到了尤为关键的作用（图 2-2-1～图 2-2-11）。

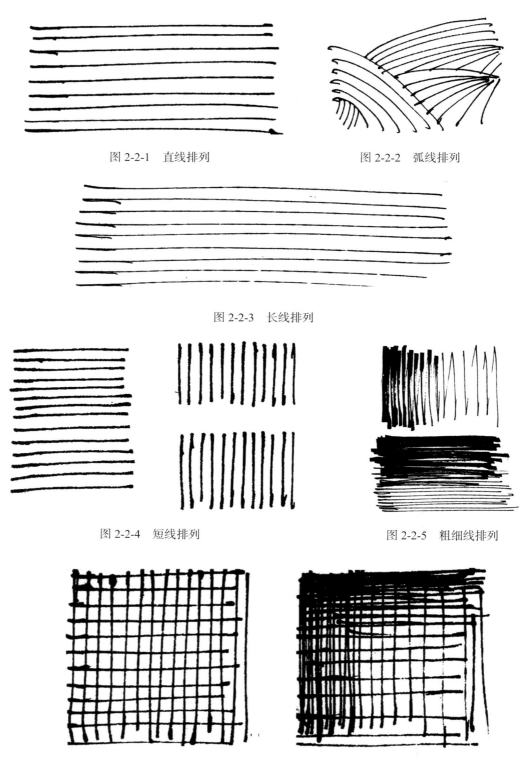

图 2-2-1　直线排列　　　　　　　　　　　　图 2-2-2　弧线排列

图 2-2-3　长线排列

图 2-2-4　短线排列　　　　　　　　　　　图 2-2-5　粗细线排列

图 2-2-6　横竖线交叉排列

图 2-2-7　斜线排列

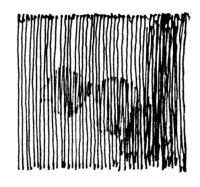

图 2-2-8　竖线重叠

图 2-2-9　横线重叠

图 2-2-10　曲线重叠

图 2-2-11　线条综合排列

2.3 线条的运用

建筑手绘中的线条表现图是以线条来表述建筑对象的艺术语言，同会话语言一样，线条同样有自己的语法。比如，线条有长短、粗细、宽窄、动静、方向等空间特性。线条本身有直曲之分。直线又有水平、垂直、斜向等；曲线又有几何曲线和自由曲线。在视觉心理上，直线具有锐利、豪爽、厚重、运动、速度、持续、刺激、明快、整齐、自由、舒展等特性；曲线则显得柔软、丰满、优雅、间接、迂回、轻快、奔放、热情、跳跃、含蓄。斜线具有不安定性，但方向性强，具有动感，易产生紧张的画面气氛。这些看似单一、平凡的"符号"，若能得心应手地运用，便能为设计师在思维进程中开辟更为广阔的天地。

2.3.1 紧线及紧线运用

紧线在建筑手绘中是最常用的线条。它可以表达建筑物结实、刚劲等特性。同时，在表达方直的物体时，可以非常好地体现出物体的形体和质感（图 2-3-1、图 2-3-2）。

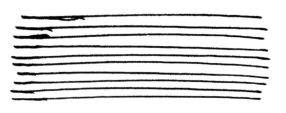

图 2-3-1 紧线排列

图 2-3-2 紧线的应用

2.3.2　缓线及其运用

缓线运笔较慢，略有停顿，用笔也稍轻，和紧线形成较强烈的对比。在建筑手绘中，缓线一般在画大的建筑轮廓或者画木材纹理、树枝等体量较轻的物体时用得较多（图 2-3-3、图 2-3-4）。

图 2-3-3　缓线排列

图 2-3-4　缓线的应用

2.3.3　颠线及其运用

颠线，即颠簸的线条，在表现云彩、水面、树木和一些不平整的地面等高低不平的对象时，有较好的表现力（图 2-3-5、图 2-3-6）。

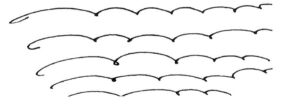

图 2-3-5　颠线排列

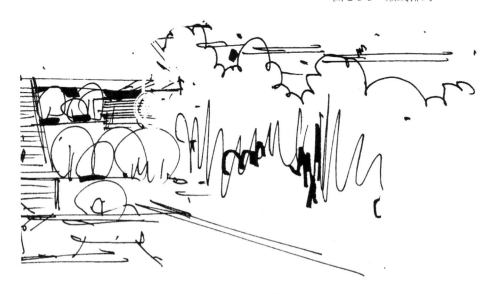

图 2-3-6　颠线的应用

2.3.4　线的粗细变化

线的粗细变化在具体写生中起了非常重要的作用，不仅仅是丰富画面，避免呆板，更重要的是，可以通过线的粗细变化描绘出建筑风景的层次和质感（图2-3-7、图2-3-8）。

图 2-3-7　线的粗细变化

图 2-3-8　线粗细变化的应用

2.3.5　随意的线

随意的线一般在建筑表现中应用较少，在配景中应用较多。随意的线和严谨的线形成了对比，丰富画面，也增加了画面的意趣（图2-3-9、图2-3-10）。

图 2-3-9　随意的线

图 2-3-10　随意的线的应用

■ 2.4　彩色铅笔的表现技法

2.4.1　彩色铅笔的特点

彩色铅笔可分水溶性和不溶性两种。不溶性彩色铅笔又分为干性和油性两种。

一般在市面上买到的彩色铅笔大部分都是不溶性的，其价格便宜，画出的效果较淡，大多可用橡皮擦去，有着半透明的特征，可通过颜色的叠加，呈现不同的画面效果，是一种较具表现力的绘画工具。

水溶性彩色铅笔又叫水彩色铅笔，它的笔芯能够溶解于水，碰到水后，色彩晕染开来，可以实现水彩般透明的效果。水溶性彩色铅笔有两种功能：一是在没有蘸水时，和不溶性彩色铅笔的效果是一样的；二是在蘸水之后，画面就会变得像水彩一样，鲜艳亮丽。条件允许的话，建议用水溶性彩色铅笔（图 2-4-1）。

2.4.2　彩色铅笔的笔触及排列方法

彩色铅笔的笔触相对于马克笔要简单许多。在上色的过程中，彩色铅笔由于材料的缘故，笔触较粗，虽然对空间有一定的表现力，可以单独用来表现空间效果，但是更多的时候是与马克笔结合使用，在某些地方对用马克笔绘制的颜色起过渡作用。

彩色铅笔的排列方法、排列叠加如图 2-4-2 ～图 2-4-4 所示。

图 2-4-1　水溶性彩色铅笔手绘表现

图 2-4-2　彩色铅笔的排列方法

图 2-4-3　彩色铅笔的排列叠加（1）　　　　图 2-4-4　彩色铅笔的排列叠加（2）

2.4.3 彩色铅笔的质感表现

彩铅质感表现见图2-4-5～图2-4-12。

图2-4-5 天空的彩铅表现

图2-4-6 砖墙的彩铅表现

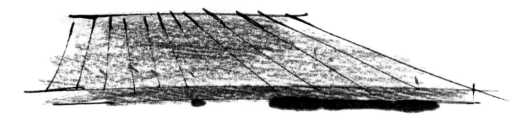

图2-4-7 木栈道的彩铅表现

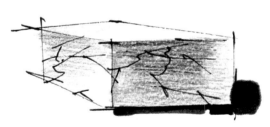

图2-4-8 大理石材的彩铅表现

图2-4-9 深色大理石材的彩铅表现

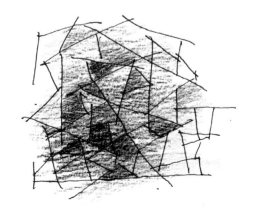

图2-4-10 文化石的彩铅表现

图2-4-11 水的彩铅表现

图 2-4-12　玻璃、瓷器等综合材质的彩铅表现

■ 2.5　马克笔的表现技法

2.5.1　马克笔的特点

　　马克笔的笔头多为扁平的纤维型和发泡型。其笔触硬朗、犀利，色彩均匀。高档笔头的设计为多面，随着笔头的转动能画出不同宽度的笔触，适合空间体块的塑造，多用于建筑、室内、工业设计、产品设计的手绘表达中。纤维型笔头分普通头和高密度头两种，区别就是书写分叉与否。发泡型笔头较纤维型笔头更宽，笔触柔和，色彩饱满，画出的色彩有颗粒状的质感，适合景观、水体、人物等软质景、物的表达（图 2-5-1）。

图 2-5-1　马克笔

2.5.2　马克笔的笔触及摆笔方法

笔触是最能体现马克笔表现效果的，最常见的马克笔笔触包括单行摆笔、叠加摆笔、扫笔触、点笔触等。

（1）马克笔的单行摆笔

摆笔是马克笔最基本的笔法形式。这种形式就是线条简单地平行或者垂直排列，最终强调画面的效果，为画面建立秩序感。每一笔之间的交接痕迹都会比较明显。

马克笔的单行摆笔强调快速、明确、一气呵成，并追求一定的力度，画出来的每一根线都应该有较清晰的起笔和手笔的痕迹，这样才显得完整有力。运笔的速度也要稍快，这样才能体现出干脆、果断、有力的效果。切勿缓慢用笔，这样会使笔触含糊不清，显得稍腻。对于一些长线，也应该是一气呵成，中间尽量不要停笔。长线的技巧需要平时多多练习。

由于马克笔笔头较小，所以不适合做大面积的渲染，遇到过大或者过长的面的时候，需要做概括性的表达，手法上要做一些必要的过渡，笔触之间要有疏密和粗细的变化，要利用折线的笔触形式逐渐地拉开间距，概括地表达过渡效果即可。另外，随着线的空隙加大，笔触也越来越细，这就需要不断地调整笔头的角度（图2-5-2～图2-5-4）。

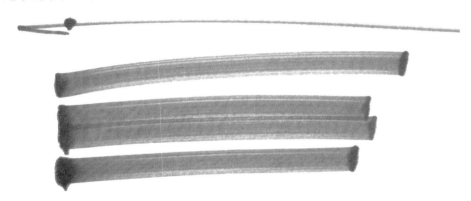

图 2-5-2　马克笔的单行笔触

图 2-5-3　马克笔的单行摆笔（1）

图 2-5-4 马克笔的单行摆笔（2）

（2）马克笔的叠加摆笔

马克笔的叠加摆笔也是很常见的，它能使画面色彩丰富，过渡清晰。为了强调更明显的对比效果，往往都会在第一遍颜色铺完之后，用同一色系的马克笔再叠加一层。一般叠加的时候，第二层颜色都要比第一层颜色更深，这样才会出现对比的效果。叠加的时候运笔方向和第一层笔触的运笔方向要统一，尽量不要交叉，否则画面会显得乱且无序（图 2-5-5 ～ 图 2-5-7）。

图 2-5-5　马克笔笔触叠加摆笔（1）　　　　　　图 2-5-6　马克笔笔触叠加排列摆笔（2）

（3）马克笔的特殊笔触

马克笔的特殊笔触包括点笔触、扫笔触等。点笔触有大点、小点之分，常用来画一些细小的物体和描绘一些细节，以增强画面的节奏感。其特点是笔触不以线条为主，而是以笔块为主，在笔法上是最灵活、随意的。点笔触虽然灵活，但也要有方向性和整体性，要控制好边缘线和疏密变化，不能随处乱点，以免导致画面凌乱（图 2-5-8）。

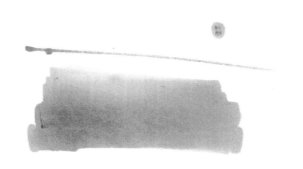

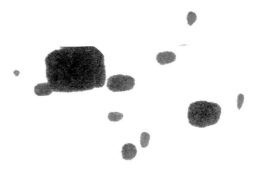

图 2-5-7　马克笔笔触叠加摆笔（3）　　　　　　　　图 2-5-8　马克笔点笔触

扫笔触的方法是起笔稍重，然后迅速运笔、提笔，速度比摆笔更快且无明显的收笔。要注意的是，无明显收笔并不代表草率收笔，它有一定的方向性和长短的要求。扫笔触是为了强调明显的衰减变化。最常见的扫笔触用在画光效果的时候，使光晕的衰减效果更明显，越到远处它的阴影边缘就会越虚，而如果有明显的收尾笔触的话，就不会出现衰减效果。所以扫笔触是特殊笔触中需要掌握的基本技巧之一（图 2-5-9、图 2-5-10）。

图 2-5-9　马克笔扫笔触（1）　　　　　　　　图 2-5-10　马克笔扫笔触（2）

其他特殊笔触如图 2-5-11 所示。

2.5.3　马克笔的质感表现

在造型艺术中，把对不同物象用不同技巧所表现、把握的真实感称为质感。其中，未经人工处理的物质表面的特质称天然质感，如空气、水、岩石、竹木等的质感；经过人工处理的物质表面的特质则称人工质感，如砖、陶瓷、玻璃、布匹、塑胶等的质感。不同质感的物质给人以软硬、虚实、滑涩、韧脆、透明或浑浊等不同的感觉。质感作为空间中物体的载体，对手绘表现起到了很重要的作用。马克笔质感表现得好坏，直接影响着空间场景表现的直观程度（图 2-5-12 ～图 2-5-21）。

图 2-5-11　马克笔特殊笔触

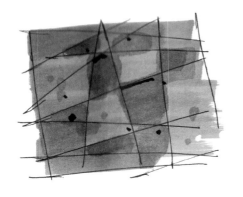

图 2-5-12　马克笔木材质的质感表现（1）

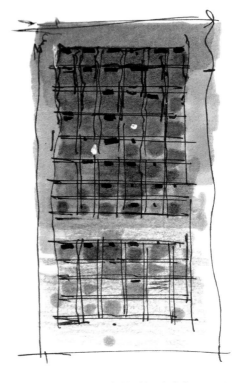

图 2-5-13　马克笔木材质的质感表现（2）

图 2-5-14　马克笔水材质的质感表现

图 2-5-15　马克笔石材质的质感表现（1）

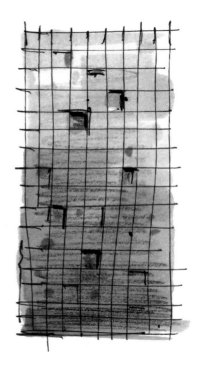

图 2-5-17　马克笔大理石材质的质感表现　　　　图 2-5-16　马克笔石材质的质感表现（2）

图 2-5-18　马克笔水材质和石材质的综合质感表现

图 2-5-19　马克笔玻璃材质的质感表现（1）

图 2-5-20　马克笔玻璃材质的质感表现（2）

图 2-5-21　马克笔综合材质的质感表现

2.6　建筑色彩表现技法

2.6.1　色彩基础知识

（1）色彩的种类

在千变万化的世界中，人们通过视觉感受到的色彩非常丰富。色彩按种类分，可分为原色、间色和复色。

① 原色。人们将色彩中不能再分解的基本色称为原色。原色能合成其他色，而其他色不能还原出本来的颜色。其中，色光三原色为红、绿、蓝，颜料三原色为品红、黄、青（湖蓝）（图 2-6-1）。颜料三原色从理论上来讲可以调配出其他任何色彩，因为常用的颜料中除了色素外还含有其他化学成分，所以两种以上的颜料相调和，纯度就会受影响，调和的色种越多就越不纯，也越不鲜明。颜料三原色相加只能得到一种黑浊色，而不是纯黑色（图 2-6-2）。

图 2-6-1　三原色

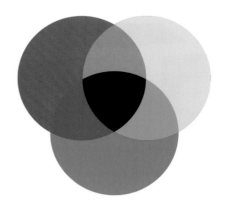

图 2-6-2　三原色叠加关系图

② 间色。由两个原色混合可以得到间色。间色也只有三种。色光三间色为品红、黄、青（湖蓝），有时称之为"补色"，是指色环上的互补关系。颜料三间色即橙、绿、紫，也称第二次色（图 2-6-3）。必须指出的是，色光三间色恰好是颜料的三原色。这种交错关系构成了色光、颜料与色彩视觉的复杂联系，也构成了色彩原理与规律的丰富内容。

③ 复色。颜料的两个间色或一种原色和其对应的间色（红与青、黄与蓝、绿与洋红）相混合得复色，亦称第三次色。复色中包含了所有的原色成分，只是各原色间的比例不等，从而形成了不同的红灰、黄灰、绿灰等灰调色（图 2-6-4）。

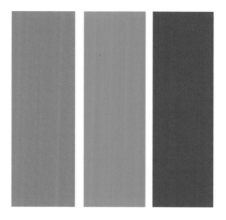

图 2-6-3　间色

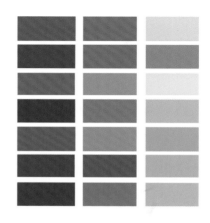

图 2-6-4　复色

（2）色彩的三要素

色彩具备三要素，即色相、纯度、明度。

① 色相。色相即各类色彩的相貌称谓，是色彩的首要特征，是区别各种不同色彩的最准确的标准。事实上，任何黑、白、灰以外的颜色都有色相属性，而色相就是由原色、间色和复色来构成的。自然界中的色相是无限丰富的（图 2-6-5）。

② 纯度。纯度用来表现色彩的鲜艳和深浅程度。纯度最高的色彩就是原色，随着纯度的降低，色彩就会变得暗、淡。纯度降到最低就是失去色相，变为无彩色，也就是黑、白和灰。在同一色相的色彩中，不

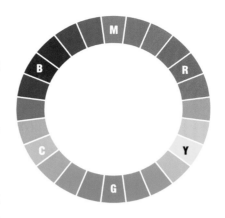

图 2-6-5　色相环图

掺杂白色或者黑色，则被称为纯色。在纯色中加入不同明度的无彩色，会出现不同的纯度。以蓝色为例，向纯蓝色中加入一点白色，纯度下降而明度上升，变为淡蓝色。继续加入白色的量，颜色会越来越淡，纯度下降，而明度持续上升。反之，加入黑色或灰色，则相应的纯度和明度同时下降。纯度推移表如图 2-6-6 所示。

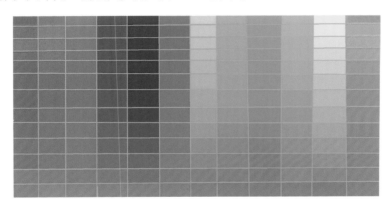

图 2-6-6　色彩纯度推移表

③ 明度。明度指色彩的亮度。由于光的强弱程度不同，色彩会产生一定的明暗变化，这种色阶变化，就是色彩的明度变化。明度推移表如图 2-6-7 所示。

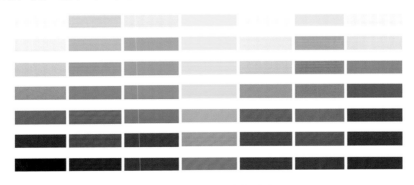

图 2-6-7　色彩明度推移表

（3）色彩的运用

既然大千世界中的其他的色彩都可以用三原色调和而成。换一种思路，我们可以用颜色的变化来表现光影效果，这无疑将使我们的作品更贴近现实。为了更好地进行手绘表现，我们需要深入了解不同的色彩及其含义。

色彩美丽而丰富。不同的色彩代表了不同的情感，并能唤起人类的心灵感知，这使得不同的色彩有着不同的象征含义。这些象征含义是人们思想交流当中的一个复杂问题，它因人的年龄、性别、生活环境、受教育水平等不同而不同。尽管这样，人们仍能在某种程度上达成共识，比如，红色是火的颜色，热情、奔放，也是血的颜色，象征着生命；黄色是明度最高的颜色，显得华丽、高贵、明快；绿色是大自然草木的颜色，意味着纯自然和生长，象征安全与宁静；紫色是高贵的象征，有庄重感；白色能给人以纯洁与清白的感觉，表示和平与圣洁。

基于这样的认识，色彩被广泛而合理地应用于各行各业，并为人们所接受。

2.6.2　建筑配色

在建筑、环境艺术设计领域，为了制定相应的色彩基准，打造优美而有序的建筑色彩环境，建筑配色需要遵循一定原则。建筑色彩控制范围包括：基础色、辅助色、点缀色和环境色（图 2-6-8）。

图 2-6-8　建筑配色手绘表现案例

基础色：决定建筑主题印象的色彩，一般占画面 60% 左右。
辅助色：丰富建筑主体颜色，丰富建筑表情的色彩，一般在 10% 左右。
点缀色：点缀建筑颜色，彰显建筑独特个性的色彩，一般在 5% 左右。
环境色：画面中天空、绿化、道路等，一般在 30% 左右。

3 透视及构图

透视指根据一定原理，在空间关系中用线条来表示物体近大远小和虚实的方法或技术。透视对于建筑手绘来说是至关重要的，一幅优秀的手绘必须符合基本透视规律，选择舒服的视点，较准确地表达空间关系。如果透视出现了问题，不管多么精彩的线条和表现方式，都失去了表现的意义。在建筑手绘中，虽然不能要求每一个体块、每一个细节都符合透视的规律，但是大的透视关系是不能出现失误的。

3.1 从几何形体到建筑体感

（1）简单几何体及复杂几何体（图 3-1-1 ～图 3-1-4）

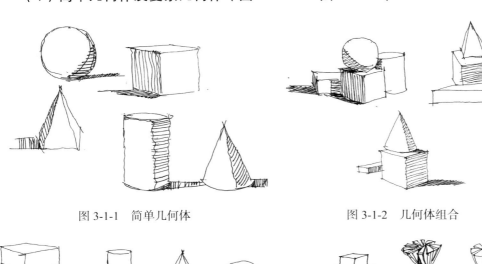

图 3-1-1　简单几何体

图 3-1-2　几何体组合

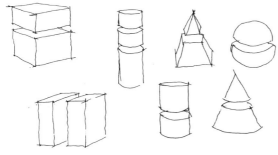

图 3-1-3　几何体切割

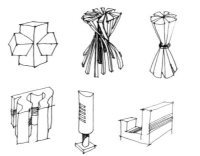

图 3-1-4　复杂几何体

（2）从几何体到建筑体感的过渡

　　面对描绘较复杂的建筑物时，没有经验的初学者经常感到束手无策，其实复杂的建筑物通常可以归纳为简单的几何体，这样理解的话，在描绘的时候就事半功倍了（图 3-1-5、图 3-1-6）。

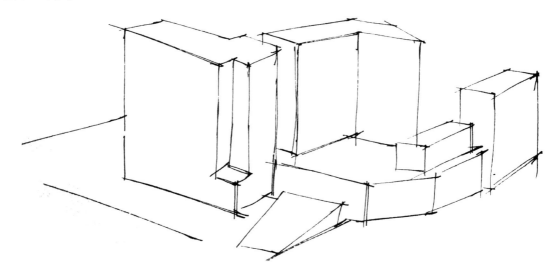

图 3-1-5　建筑几何形体归纳

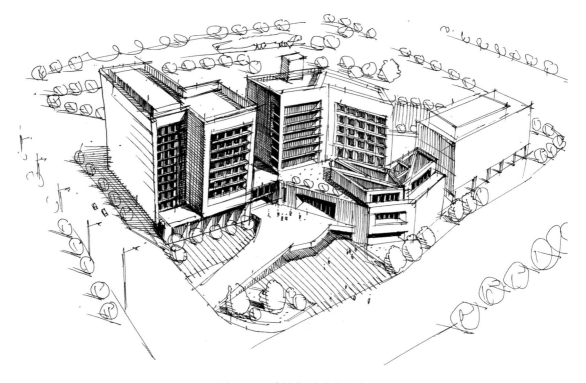

图 3-1-6　建筑鸟瞰手绘线稿

3.2　透视

3.2.1　一点透视

　　一点透视在建筑速写中是非常常见的一种透视，也是比较容易掌握的透视。它可以用于表达各种不同的建筑空间环境，最常见的是表现街道、马路景色，尤其能表达出极其强烈的空间纵深感。一点透视的消失点的位置尤为重要，消失点决定了画面上所有的透视方向和视角（图 3-2-1）。一点透视作品如图 3-2-2、图 3-2-3 所示。

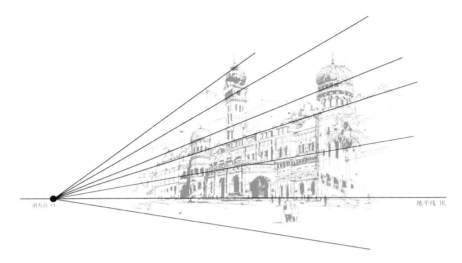

图 3-2-1　一点透视分析

图 3-2-2　城市建筑一点透视线稿表现

图 3-2-3　丽江建筑一点透视线稿表现

3.2.2　两点透视

两点透视也叫成角透视。两点透视其消失点为两个，而且一般情况下，消失点应在同一个水平线左右。这样不仅可以画出建筑物本身的两个体面，而且体积感更强烈。和一点透视相同的是，两点透视可以明确地表达建筑空间强烈的透视感。消失点的选择尽可能一远一近，差别比较大的时候，会增加对比，这样也同时会增加空间的生动性和灵活性，避免呆板、没有生气（图 3-2-4）。两点透视作品如图 3-2-5、图 3-2-6 所示。

图 3-2-4　两点透视分析

图 3-2-5　欧洲建筑两点透视线稿表现

图 3-2-6　古典建筑两点透视线稿表现

3.2.3　三点透视

三点透视也称斜角透视，一般用于表现建筑环境的俯视或者仰视，俗称俯视图或者仰视图。由于三点透视可以表达建筑的三个面，因而空间感是最强烈的，当然也是最难把握的，一般用来表达场景较大的建筑空间环境。三点透视的透视消失点有三个，绘制时可以根据环境适当调整消失点，让画面更完整、更有视觉冲击力（图 3-2-7）。三点透视作品如图 3-2-8、图 3-2-9 所示。

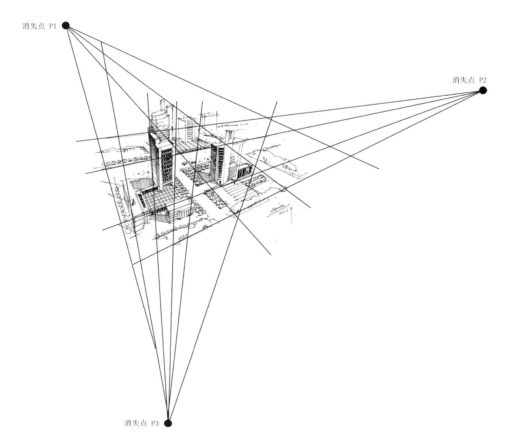

消失点 P1

消失点 P2

消失点 P3

图 3-2-7　三点透视分析图

图 3-2-8　尼泊尔建筑三点透视线稿表现

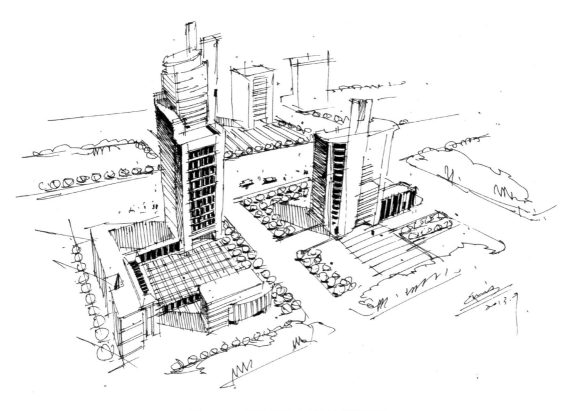

图 3-2-9 现代建筑三点透视线稿表现

3.2.4 圆面透视

　　圆面透视是透视中较常见的一种透视，常用于土楼、球体、圆桌、拱门等的表现（图 3-2-10、图 3-2-11）。使用圆面透视的方法是，先做出圆的外切正方形的透视，再观察圆上各点在外切正方形中的位置，以确定圆的透视。

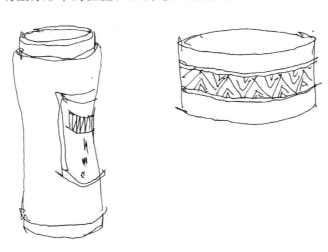

图 3-2-10 简单的圆面透视

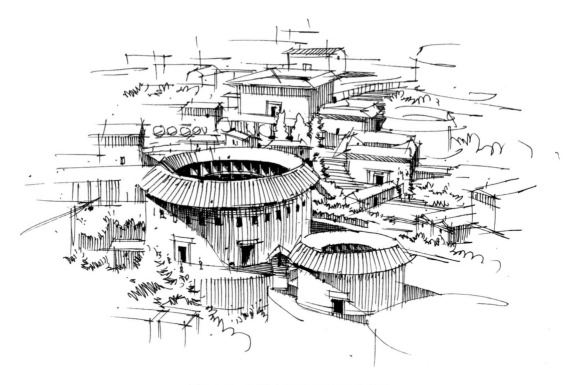

图 3-2-11　福建土楼圆面透视手绘线稿

3.2.5　散点透视

观察点不是固定在一个地方，也不受下定视域的限制，而是根据需要，移动着立足点进行观察，凡各个不同立足点上所看到的东西，都可组织到自己的画面上，这种透视方法叫做"散点透视"。著名的《清明上河图》就是根据散点透视绘制的。散点透视在建筑手绘表现中极少用到，初学者只需了解即可（图 3-2-12）。

图 3-2-12　清明上河图局部

3.3 构图取景

3.3.1 构图及其原则

构图，就是组织画面，即将观察到的绘画内容在画面中和谐、统一、完整地体现出来。南齐谢赫"六法"中所说的"经营位置"即构图。所谓"经营位置"，就是说作画时必须动脑筋，思考如何安排画面等问题，具体而言，就是要研究主体部分放在哪里，次要部分如何搭配，甚至留白、气势、色彩等的细节都要反复推敲，宁可没有画到，但不可没有考虑到。构图的基本原则是：均衡与对称、对比和集中。

均衡与对称是构图的基础，其主要作用是使画面具有稳定性。均衡与对称虽不是一个概念，但两者具有内在的统一性——稳定。稳定感是在长期观察自然中形成的一种视觉习惯和审美意识。因此，凡符合这种审美观念的造型艺术才能产生美感，违背这个原则，画面就会给人以不舒服的感觉。均衡与对称都不是指平均，而是一种合乎逻辑的比例关系。对称的稳定感特别强，能使画面具备庄严、肃穆、和谐的特点。比如，我国古代的建筑就是对称的典范。与对称相比，均衡的变化比对称要大得多。对称虽是构图的重要原则，但在实际运用中机会比较少，运用多了就会千篇一律，而相对对称则是更好的选择。它保持了对称原有的稳定的特点，在此基础上适当改变对象的上下、大小、造型等关系，让其有一定的变化和特点（图 3-3-1、图 3-3-2）。

图 3-3-1　欧洲古典建筑手绘线稿表现

图 3-3-2　校园街道彩色铅笔手绘表现

　　对比，不仅能增强艺术感染力，更能鲜明地反映和升华对象，突出主题、强化主题。在建筑手绘中，对比可以表现为三种类型：一是造型的对比，主要体现在物体的大和小、高和低、胖和瘦、粗和细等因素上；二是主次的对比，主要体现在主体和客体、强和弱、虚和实等因素上；三是技法的对比，即在画面当中，根据不同的对象，用相应的技法来表现（图 3-3-3、图 3-3-4）。

图 3-3-3　加德满都手绘线稿表现（主次的对比）

图 3-3-4 现代建筑景观马克笔效果图（虚实的对比）

在一幅作品中，可以运用单一的对比，也可同时运用多种对比。对比的方法比较容易掌握，手绘时可以根据所绘对象灵活地运用，但要注意不能死搬硬套、牵强附会、喧宾夺主（图 3-3-5、图 3-3-6）。

图 3-3-5 欧洲街道手绘线稿表现（大小的对比）

图 3-3-6　校园建筑手绘线稿表现（造型的对比）

集中，指把画面中分散的建筑、人和物集合在一起，化散为整。在建筑手绘中，面对复杂的场景和画面时，经常由于个体的特征和位置不一，使得表现起来容易散乱。因此在建筑场景中，经常需要适当调整对象的位置和大小，使得画面各个元素较集中地体现在画面中（图 3-3-7、图 3-3-8）。

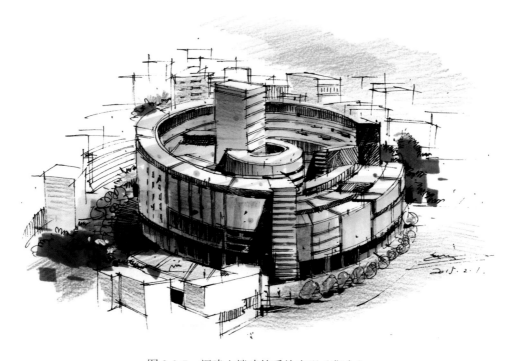

图 3-3-7　福建土楼建筑手绘表现（集中）

图 3-3-8　尼泊尔街道建筑手绘表现（集中）

3.3.2　前景、中景、后景

在建筑手绘中，把前景、中景、后景在画面中充分地体现出来，就能够更充分地拉开前后关系，增强画面的纵深感和空间感（图 3-3-9）。

前景　中景　远景

图 3-3-9　前景、中景、近景分析

3.3.3 加入非实景中的景色

加入不在实景中，而是从别处得来的景色，即把别处的景色或者物体位移到自己的画面当中，能够添加构图趣味，增强画面的丰富性（图3-3-10）。

建筑实景　　　　　　　　平移的配景1　　　　　　　平移的配景2

图 3-3-10　加入非实景中的景色实例图

3.3.4 仰视、俯视、平视

仰视指眼睛向上看，或是抬头向上看。仰视可以体现出对象的高大感，对于表达建筑的气势和体量感有一定的优势（图3-3-11）。

俯视是指从高处向低处看。俯视可以非常完整地体现建筑环境的所有元素和构件，对于展示较大建筑场景的时候有着很强的表现力。

平视为两眼平着向前看。平视是建筑手绘中较常见的视角，画面感也较平和，可以很好地表达物体的前后关系。

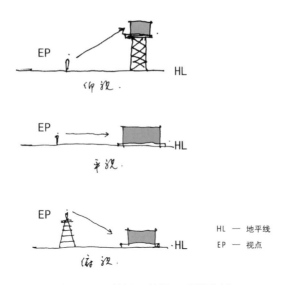

图 3-3-11 仰视、俯视、平视分析

3.4 构图形式

建筑手绘的构图形式主要有以下几种。

3.4.1 九宫格

九宫格是我国书法史上临帖仿习的一种界格，中间一小格称为"中宫"，上面三格称为"上三宫"，下面三格称为"下三宫"，左右两格分别称为"左宫"和"右宫"，用以在练字或者作画时对照碑帖的字形和体面安排适当的部位。在建筑手绘中，正九宫格在临摹时较少运用，一般多用 A4 或者 A3 纸张，故基本为长方形。九宫格的总体比例可以根据长方形的长宽关系适当调整（图 3-4-1、图 3-4-2）。

图 3-4-1 横九宫格分析图

图 3-4-2　竖九宫格分析图

3.4.2　水平式构图

水平式构图草图及作品见图 3-4-3、图 3-4-4。

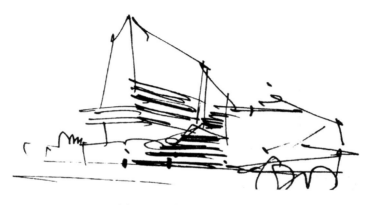

图 3-4-3　水平式构图草图

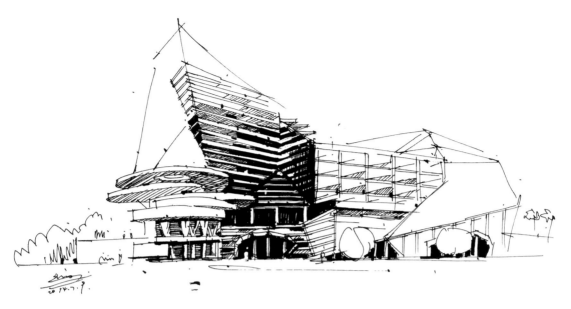

图 3-4-4　水平式构图作品

3.4.3　纵向构图

纵向构图草图及作品见图 3-4-5、图 3-4-6。

图 3-4-5　纵向构图草图

图 3-4-6　纵向构图手绘作品

3.4.4 C 形构图

C 形构图草图及作品见图 3-4-7、图 3-4-8。

图 3-4-7　C 形构图草图

图 3-4-8　C 形构图作品

3.4.5　S 形构图

S 形构图草图及作品见图 3-4-9、图 3-4-10。

图 3-4-9　S 形构图草图

图 3-4-10　S 形构图作品

3.4.6　三角形构图

三角形构图草图及作品见图 3-4-11、图 3-4-12。

图 3-4-11　三角形构图草图

图 3-4-12　三角形构图作品

3.5　常见透视错误分析

如图 3-5-1 所示，此作品的透视为一点透视，但画面中的视点选择有明显的错误。不难看出，中间的石头平台在透视上出现了问题，应该把视点提高，这样才能和后面的草垛以及整体环境相协调，从而符合一点透视的视点单一性原则。

图 3-5-1　常见透视错误分析（1）

如图 3-5-2 所示，此作品表现的是单体建筑草图线稿。画面中出现了两个问题：一是，画面出现了明显的近小远大的视觉错误，且在建筑上和地面都出现了。二是，视点选择有一定的混乱。建议多观察，选好正确的视点后，按照一定的透视规律来完成手绘作品。

图 3-5-2　常见透视错误分析（2）

如图 3-5-3 所示，此作品完成得较完整，有较强的深入能力。后面的建筑群不论是视点的选择，还是透视的安排都比较合理，也有一定的表现力。但是，仔细观察后可发现，透视上存在比较明显的问题，即近处最前面的楼梯和矮房子的组合，其视点选择明显太低，且透视关系不正确，显得比较勉强。建议加强宏观的把握能力，多画速写，以提高整体表现能力。

图 3-5-3 常见透视错误分析（3）

4 建筑手绘表现流程

4.1 设计稿、微型建筑速写

设计稿即设计手稿，是设计师徒手表达设计目的和设计预想的第一步，也是体现设计者设计意图和推敲设计方案的一个非常重要的环节。当我们翻阅大师的设计稿时不难发现，那种转瞬即逝的设计灵感，简单，甚至潦草几笔，但在那粗放以至不羁的涂抹修改中，始终有一个原创的设计思维在主导着、活动着，带领着设计的每一步走向成功（图4-1-1）。

图4-1-1 建筑创意设计手稿

微型速写稿是速写中的速写，是在数秒之间，用最小的纸张概括出建筑空间的基本形体、透视关系和整体感受，无形中锻炼了作者果断、勇敢、大气的心理感受和行云流水的用笔，在整个建筑手绘的学习过程中有着十分重要的作用。微型稿练习中要注意观察描绘对象的基本形体关系、透视方向、疏密对比，发现画面中容易出现的问题，及时调整，为后面进行建筑手绘的整体表现做好铺垫（图4-1-2、图4-1-3）。

图 4-1-2　微型稿练习（1）

图 4-1-3　微型稿练习（2）

微型稿和终稿的对比如图 4-1-4、图 4-1-5 所示。

图 4-1-4　小稿和完成稿的对比分析

图 4-1-5　小稿和完成稿的对比分析

4.2 快写（草图）

快写就是快速地记录对象，也可以理解为简单、快速、概括地描绘对象。与微型建筑速写不同的是，它的尺寸没有那么固定，可大可小，一般情况下以 A4 的尺寸为主。在写生条件较差或者人流量很多，不方便长时间写生的时候经常用此种方法表现。正因为时间短，因此下笔也应果敢，不拘于小节（图 4-2-1 ～ 图 4-2-3）。

图 4-2-1　景观建筑手绘快写

图 4-2-2　校园建筑手绘快写

图 4-2-3　丽江仿古建筑手绘快写

4.3　手绘完整作品的具体步骤

对于初学者来说，由于造型能力有限，且缺乏经验，特别是由于建筑物和空间的透视关系有着很强的方向性和节奏性，倘若徒手画歪或画错了几根主要的线，或者主要的画面中的色彩关系较乱的话，那么画面中将出现很不和谐的空间关系，甚至产生透视或者空间的错乱，加之钢笔难以修改，势必影响手绘者的情绪和心态。因此，初学者不宜直接在白纸上一挥而就。建议手绘时，先勾勒几张草图，选择较好的构图形，注意建筑形体的透视、比例、结构、质感、色彩环境、工具等造型因素，然后按照正确的步骤来完成较完整的画面。

一般来说，建筑手绘表现有以下几个步骤。

① 立意并进行线稿表现。对要表达的对象进行充分地认识，分析画面构成关系以及空间透视等要素，明确技法，不要因追求画面的照片效果，而失去建筑手绘的特点。注意画面的构图，建议画个小稿。之后用长线画出建筑基本轮廓、透视方向等，可以大胆地取舍，以表现对象的主要特征。在线条的基础之上略加明暗，通过线条的叠加，丰富画面，增强物体的体积感和空间感（图 4-3-1）。

图 4-3-1　建筑手绘线稿绘制

　　② 马克笔上色。一幅优秀的线稿作品能勾起手绘者上色表现的欲望。马克笔上色时首先要考虑画面的色彩环境和色调。组织色彩是关键的一步。上色时，要根据对象的结构和方向等因素，用马克笔的粗头概括主要建筑物的主要部位和大的色彩关系，用笔要果断、利索，不可拖泥带水、犹豫不定（图 4-3-2）。

图 4-3-2　马克笔上色

③ 深入刻画。在马克笔铺色的基础上进行刻画，体现出对象的层次关系。注意光线在整个色彩环境中的作用，以及光线带来的光影的变化和层次。同样要求用笔果断、流利，用笔触塑造出每个部位的质感，要尽可能地塑造完整（图4-3-3）。

图 4-3-3　深入刻画

④ 彩色铅笔刻画。由于马克笔的笔触和色彩较单一，因此在一些部位需要用彩色铅笔进行辅助的刻画，以达到协调画面的关系和丰富画面的效果。彩色铅笔排列线条的时候，要求尽可能地排列整齐，即按照对象的结构关系进行线条的组织和排列。彩色铅笔作为一种上色工具，大大地丰富的整个画面的色彩关系（图4-3-4）。

图 4-3-4　彩色铅笔刻画

⑤ 整体调整。主要调整画面的主次关系和空间层次等，适当地对影响画面的要素进行调整。对蓝天、地面等进行辅助的刻画，注意点、线、面节奏的控制。用高光笔进行特殊部位的提白，用深色的笔对暗部和投影处进行进一步的刻画，增强画面的丰富性，让其达到最佳的效果，最终完成画面 （图 4-3-5）。

图 4-3-5 完成稿

下面再通过一个具体案例展示建筑手绘表现步骤（图 4-3-6 ～图 4-3-11）。

图 4-3-6 景观建筑手绘表现步骤一

图 4-3-7　景观建筑手绘表现步骤二

图 4-3-8　景观建筑手绘表现步骤三

图 4-3-9　景观建筑手绘表现步骤四

图 4-3-10　景观建筑手绘表现步骤五

图 4-3-11　完成稿

4.4　描摹与写生练习

具体步骤如图 4-4-1 ～图 4-4-4 所示。

图 4-4-1　手绘写生表现对象

图 4-4-2　线稿表现

图 4-4-3　彩色铅笔表现

图 4-4-4　马克笔综合表现

4.5　线稿练习

线稿是一切手绘的开始，也是手绘过程中最重要的环节，一张优秀的线稿作品总给人美的享受。建筑手绘线稿一般可分为线、面、线面结合等三种表现形式。不管是面还是体积都是从线条开始的。线条是建筑手绘中最基本的要素。如何运用线条来表现客观事物显得尤为关键。

线有长线、短线、散线、乱线等多种表现形式。线的排列与组织在本书的第 2 章已经系统讲过，这里不再赘述。在整个建筑手绘过程中，要大胆地运用线条来表现物体、表达对象，加强线条的灵活性和生动性，充分运用线条的轻重、长短、疏密、节奏、组合等来综合把握整个画面的艺术效果，增强其表现力（图 4-5-1）。

中国古人作画有"意在笔先"一说，意思就是在作画前脑海中已经有了大体的构思，然后再下笔。要完成一幅优秀的建筑速写作品，就要有对建筑环境敏锐的洞察力和丰富的空间想象力，把自己所想要表达的画面深刻的印在脑海中，之后再进行分析，将感性和理性完美地结合，经过这样的构思、主意，再下笔进行线的绘制。

4.5.1 写生类线稿

图 4-5-2 ～图 4-5-19 为示范作品。

图 4-5-1　圣米歇尔山建筑手绘线稿表现

图 4-5-2　街道建筑手绘线稿表现

图 4-5-3　欧洲古典建筑手绘线稿表现（1）

图 4-5-4　德国古典建筑手绘线稿表现

图 4-5-5 中国民居建筑手绘线稿表现

图 4-5-6 巴黎圣母院建筑手绘线稿表现

图 4-5-7　瑞士街道建筑手绘线稿表现

图 4-5-8　欧洲古典建筑手绘线稿表现（2）

图 4-5-9　柬埔寨教堂建筑手绘线稿表现

图 4-5-10　尼泊尔传统建筑手绘线稿表现

图 4-5-11　苗族民居建筑手绘线稿表现

图 4-5-12　丽江建筑建筑手绘线稿表现

图 4-5-13　西班牙古典建筑手绘线稿表现（1）

图 4-5-14　东亚教堂建筑手绘线稿表现

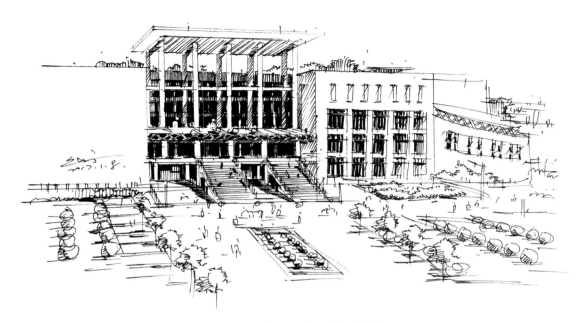

图 4-5-15　现代校园建筑手绘线稿表现

图 4-5-16　西班牙古典建筑手绘线稿表现（2）

图 4-5-17　苗寨建筑手绘线稿表现

图 4-5-18　新西兰古典建筑手绘线稿表现

图 4-5-19　欧洲古典建筑手绘线稿表现（3）

4.5.2　表现类线稿

图 4-5-20 ～图 4-5-46 为示范作品。

图 4-5-20　静物表现类手绘线稿

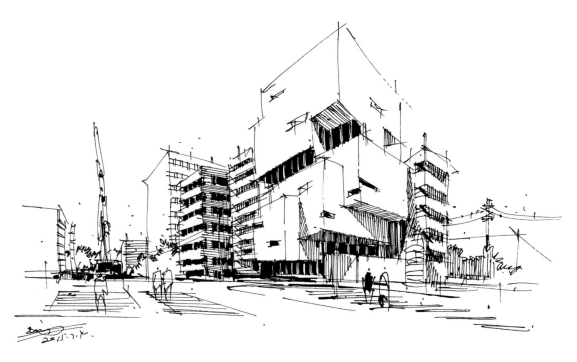

图 4-5-21　沿街建筑表现类手绘线稿

图 4-5-22　现代建筑表现类手绘线稿（1）

图 4-5-23　现代建筑表现类手绘线稿（2）

图 4-5-24　城市综合体建筑表现类手绘线稿

图 4-5-25　别墅建筑表现类手绘线稿

图 4-5-26　现代景观建筑表现类手绘线稿（1）

图 4-5-27　现代公共建筑表现类手绘线稿（1）

图 4-5-28　现代公共建筑表现类手绘线稿（2）

图 4-5-29 现代街道建筑表现类手绘线稿

图 4-5-30 现代别墅建筑表现类手绘线稿（1）

图 4-5-31　现代别墅建筑表现类手绘线稿（2）

图 4-5-32　现代别墅建筑表现类手绘线稿（3）

图 4-5-33　现代别墅建筑表现类手绘线稿（4）

图 4-5-34　现代别墅建筑表现类手绘线稿（5）

图 4-5-35　现代商业建筑表现类手绘线稿

图 4-5-36　现代公共建筑表现类手绘线稿

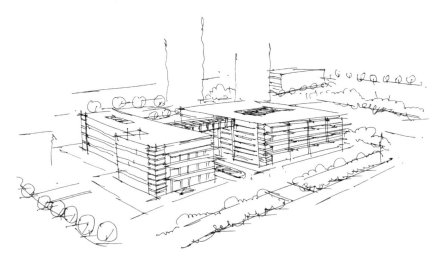

图 4-5-37　现代公共建筑鸟瞰表现类手绘线稿

图 4-5-38 现代建筑表现类手绘线稿（3）

图 4-5-39 欧洲现代建筑表现类手绘线稿

图 4-5-40　现代商业建筑表现类手绘线稿

图 4-5-41　居住区建筑表现类手绘线稿

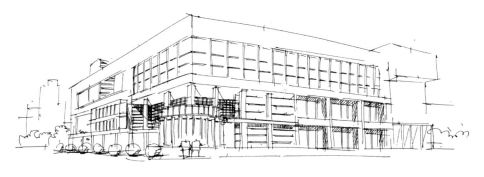

图 4-5-42　现代建筑表现类手绘线稿（4）

图 4-5-43 现代建筑表现类手绘线稿（5）

图 4-5-44 现代景观建筑表现类手绘线稿（2）

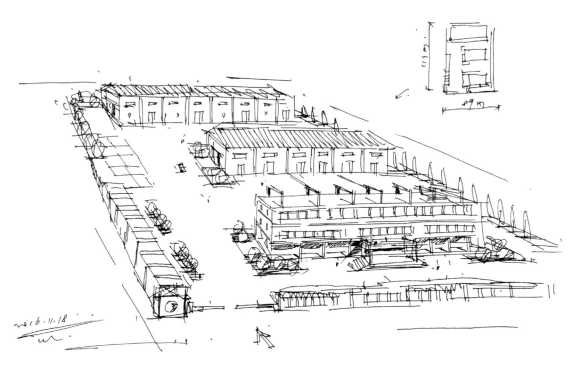

图 4-5-45　现代工业建筑表现类手绘线稿

图 4-5-46　现代教堂建筑表现类手绘线稿

4.6 马克笔写生练习

可对着照片或真实建筑场景进行写生练习（图 4-6-1 ～图 4-6-4）。

图 4-6-1 街道建筑实景图

图 4-6-2 街道建筑马克笔写生手绘图

图 4-6-3　建筑实景图

图 4-6-4　建筑马克笔写生手绘图

4.7 彩色铅笔写生练习

可对着照片或真实建筑场景进行写生练习（图 4-7-1～图 4-7-4）。

图 4-7-1　建筑环境实景图

图 4-7-2　彩色铅笔写生手绘完成稿

图 4-7-3　丽江建筑实景图

图 4-7-4　丽江彩色铅笔写生手绘完成稿

5 建筑配景

建筑不是孤立存在的，它总是存在于一定的环境中，所以建筑手绘表现所涉及的内容相当广泛。除了建筑本身以外，建筑周边所包含的自然环境和人文环境也是所要描绘的对象。建筑配景可以显示建筑物的尺度，调整画面平衡，引导视线，增加纵深感。

建筑配景与建筑物存在一定的主次关系，主体的建筑物在画面表现中通常较为理性，次要的建筑配景则相对较为感性。次要的建筑配景可以起到软化整个建筑环境，装饰点缀、烘托主体的作用。在配景的掩映下，整个画面感会变得生机盎然、充满活力。建筑配景主要包括植物、人物、交通工具等。

5.1 植物

5.1.1 植物的基本形状特征

植物根据外形基本可以分成圆形、伞形、三角形、串形等不规则形（图 5-1-1）。

图 5-1-1　植物的基本形状特征

5.1.2 植物的结构特征

植物一般由根、干、枝、叶构成。不同种类的植物有不同的结构特征。我们在写生的时候一定要根据不同植物的种类进行写生练习（图5-1-2）。

图 5-1-2 植物的结构特征

5.1.3 植物几何形体归纳

任何复杂的植物都可以归纳成简单的几何体，这样在写生的时候就可以很从容地进行描绘（图5-1-3）。

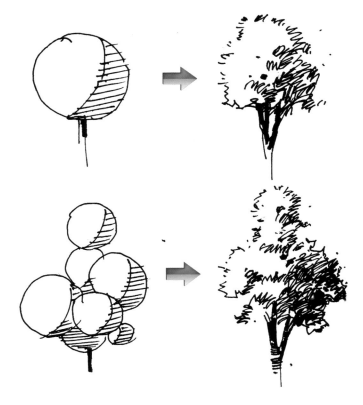

图 5-1-3 植物几何形体归纳

5.1.4 植物的明暗分析

建筑配景中植物的表现方式主要有三种：一是以线条为主的方法；二是以线面结合为主的方法；三是以明暗色调为主的方法。植物的明暗主要由光影关系所决定，在表现时需要合理地处理黑、白、灰三种色调关系，才能非常真实、生动地表现出各种形态的植物。在光线的照射下，迎光的一面最亮，背光的一面则比较暗。里层的枝叶由于处于阴影之中，所以最暗（图5-1-4）。

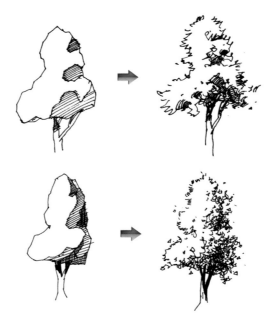

图 5-1-4　植物的明暗分析

5.1.5 植物的手绘步骤

手绘时，首先，根据植物的形体和结构基本确定其几何外轮廓；其次，需要具体描绘植物的外轮廓和明暗关系；最后，丰富画面，调整整体关系。

在建筑手绘中，植物是建筑的配景，一般情况下不用深入太多，以免喧宾夺主（图5-1-5）。

图 5-1-5　植物的手绘步骤

5.1.6　常见植物线稿、彩铅、马克笔手绘作品

具体见图 5-1-6 ～图 5-1-19。

图 5-1-6　植物手绘线稿

棕榈间：

　　棕榈树的结构较复杂，绘画起来也比较难，建议不要刻意追求那种高的写字性的技法，简单的掌握一些近景远景的块面概念画法即可，将空间层次区分出来就好！

图 5-1-7　棕榈树手绘线稿

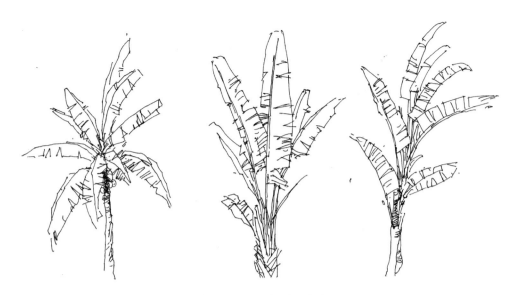

图 5-1-8　芭蕉树手绘线稿

图 5-1-9　组团植物手绘线稿（1）

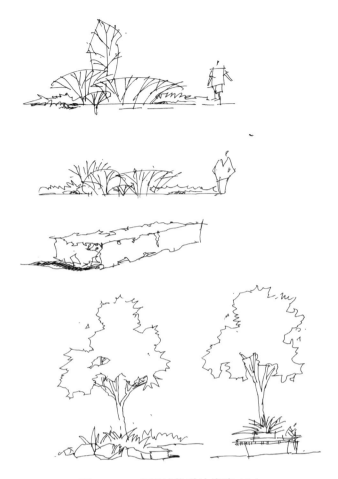

图 5-1-10　组团植物手绘线稿（2）

图 5-1-11　植物彩铅手绘表现

图 5-1-12　植物彩铅手绘对比

图 5-1-13　组团植物彩色铅笔手绘　　　　　　图 5-1-14　组团植物手绘

图 5-1-15　单体植物手绘

图 5-1-16　芭蕉马克笔手绘

图 5-1-17　植物马克笔手绘（1）

图 5-1-18　植物马克笔手绘（2）

图 5-1-19　植物综合上色手绘表现

5.2　人物

在建筑手绘中，人物起了很重要的作用。尽管在社会中，人处于主体的地位，但是在建筑手绘中，人物在画面中就处于从属地位了，因此只需把人的基本动态和比例关系准确流畅地表现出来即可，可以有一定的抽象性和概括性。在建筑手绘表现里，人物配景主要起到三个作用：一是衬托建筑的比例尺度；二是营造画面生动的生活气息；三是由远近各处大小不同的人物来增强画面空间感。

在画有人物和建筑的场景中，要注意人物与建筑物的比例关系，还应根据不同场合的建筑环境来安排不同年龄阶段、不同职业身份的人物配景。人物的衣着姿态、大小前后能够烘托空间的尺度比例，也能反映环境的场合功能。

5.2.1　单体人物

人物表现要注意其比例的合理性（图 5-2-1）。

5.2.2　群组人物

群组人物适合表现在建筑环境中，以此来渲染环境气氛，比如商业广场、娱乐场所等环境比较热闹的场合。一般用于突出环境中的前后和层次关系，表现手法力求概括（图 5-2-2）。

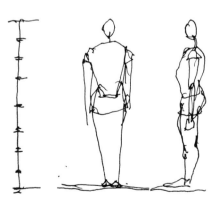

图 5-2-1　单体人物比例图

图 5-2-2　群组人物手绘线稿

5.2.3　人物线稿、彩铅、马克笔手绘作品

人物线稿、彩铅、马克笔手绘作品见图 5-2-3 ～图 5-2-6。

图 5-2-3　人物手绘

图 5-2-4　单体人物马克笔手绘

图 5-2-5　群组人物马克笔手绘（1）

图 5-2-6　群组人物马克笔手绘（2）

5.3 交通工具

画面中的交通工具既可以辅助表现场景的空间关系，又可以增添画面中的生活气息，但是需要准确表达透视关系和结构比例，形体表现尽量简化些。

常见的交通工具有汽车、摩托车、自行车、帆船、地排车、拖拉机、电缆车、板车等。交通工具线稿、彩铅、马克笔手绘作品如图 5-3-1 ～图 5-3-8 所示。

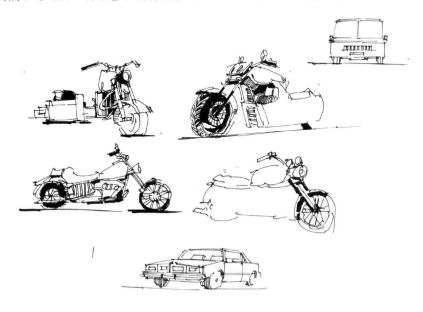

图 5-3-1　交通工具线稿（1）

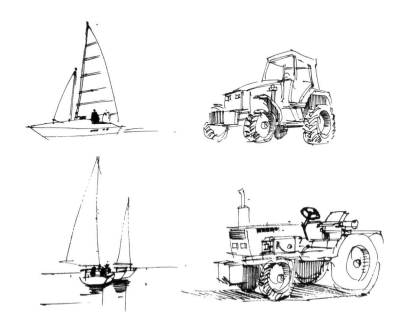

图 5-3-2　交通工具线稿（2）

图 5-3-3　交通工具彩色铅笔手绘（1）

图 5-3-4　交通工具彩色铅笔手绘（2）

图 5-3-5　交通工具彩色铅笔手绘（3）

图 5-3-6　交通工具彩色铅笔手绘（4）

图 5-3-7　交通工具马克笔手绘（1）

图 5-3-8　交通工具马克笔手绘（2）

5.4 其他

5.4.1 石墙

其他建筑配景的手绘线稿如图 5-4-1～图 5-4-6 所示。

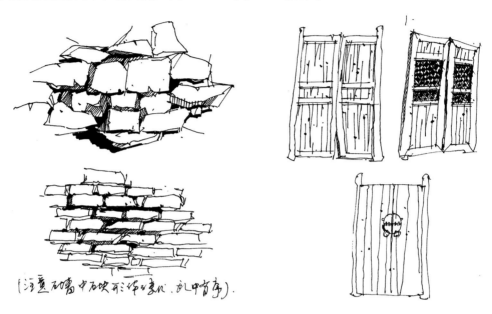

图 5-4-1　石墙手绘线稿　　　　　　　图 5-4-2　木门手绘线稿

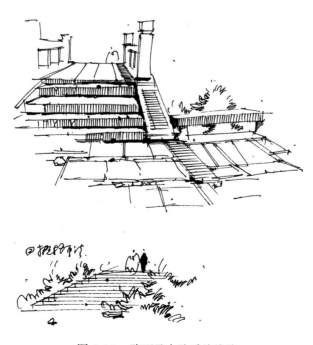

图 5-4-3　路面及台阶手绘线稿

图 5-4-4   草房、草亭、草垛、柴堆手绘线稿

图 5-4-5   水、河流手绘线稿

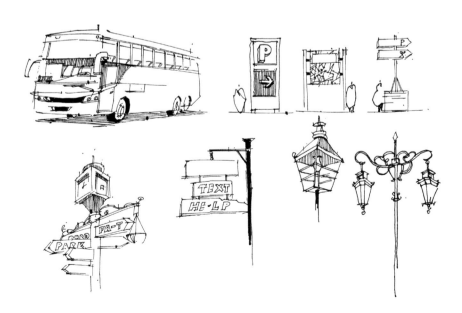

图 5-4-6   路灯、电线杆、电话亭、灯箱、广告牌手绘线稿

6 建筑空间综合表现

6.1 建筑手绘在当下的意义

建筑手绘表现是设计的必然产物，是传达设计意图、表现建筑环境效果最有效的方式。随着时代的发展，基于信息化技术的 Maya、3Ds Max、Sketch Up 等专业效果图软件能绘出效果逼真的作品，相比之下，用手绘来表达建筑的最终效果显得越来越单薄。在此背景下，手绘在当下的真正意义是值得我们深思并不断探索的。

快速创作草图是设计的雏形，是在大脑分析设计的同时结合手绘勾线绘制出的空间场景，能够记录设计师最有灵性的原始意念，虽然没有过多的细节体现，但是整体饱满，空间关系明确，透视基本准确，效率高，并通过与光影的结合，能表达出最直观的效果。

同时，经过长期而反复构思、推敲和绘制，有助于培养深入分析方案的能力。此外，在设计师比较设计方案和设计效果时，需要以草图的形式快速地记录下来，这是进行设计的便捷方法和必要途径。建筑手绘快速表现在第一时间能最直观地表达出设计师的想法，从而便于和别人进行交流，为最终的电脑表现奠定了基础。设计方案最终的手绘效果图或者电脑效果图都是从最初构思的草图而来的。设计师要有一个正确的观念，即快速表现不是为了流畅、美观等外部因素，而是为了更好地进行设计。图 6-1-1 ～图 6-1-4 为手绘草图范例。

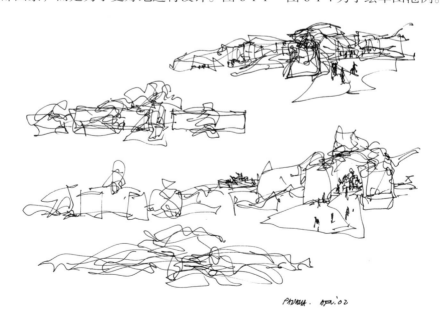

图 6-1-1　弗兰克盖里手绘草图

图 6-1-2　安藤忠雄建筑手绘草图（1）

图 6-1-3　安藤忠雄建筑手绘草图（2）

图 6-1-4　马岩松建筑手绘草图（哈尔滨艺术中心）

6.2 建筑手绘快速表现综合分析

6.2.1 手绘快速表现基本方法

练习快速手绘最重要的目的有两个：一是练习手绘的速度，二是快速地表达清楚设计重点。每个人的手绘草图都带有个人独特的魅力和气质，看似同样的一条直线、一个基本形体，在不同人的画面中表现出的线条张力、感受程度、饱满与否以及情感色彩都是不同的，或果断直接，或沉稳有力，或古拙质朴，或者清新飘逸。练习时，要明确快速表现（草图）的真实意义，其讲究快，而不是乱，更不是潦草（图 6-2-1）。

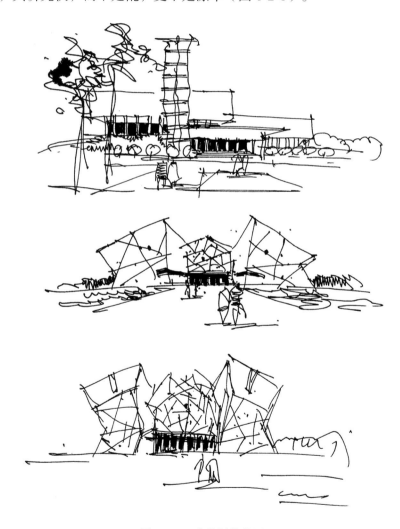

图 6-2-1 建筑创作草图

在快速表现前期，可以尝试快速绘画，临摹是一个好的途径，比如临摹建筑模型空间或者真实空间场景。用这种训练方法来掌握快速进行空间绘制的技巧，体会建筑形体的空间组合，同时要注意线条的表现效果（图 6-2-2）。

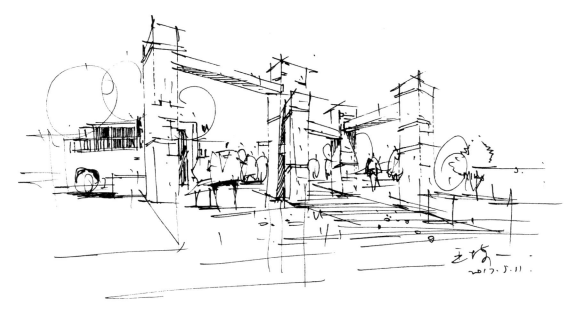

图 6-2-2 建筑设计快速表现手稿

进行独立快速手绘创作时，要注意草图所要表达的重要内容，具体如下。

① 意在笔先，明白表现意图，着重手绘画面的核心部分。

② 经营构图，明确透视关系。

③ 配景合理组织，简洁明了，注重形体的概括，烘托重要的设计部分。

④ 线条流畅，疏密有致，利用黑白灰的关系来营造画面的空间感。

⑤ 线条不能很清楚地表达设计方案，可利用色彩为画面服务，烘托更好的设计意图。

⑥ 颜色尽可能地少用，注意色彩的统一和适当的对比。

图 6-2-3 ～图 6-2-5 为参考图例。

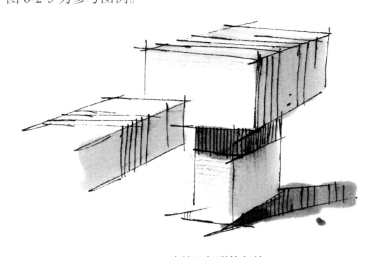

图 6-2-3 建筑几何形体归纳

图 6-2-4　建筑创作手绘草稿（1）

图 6-2-5　建筑创作手绘草稿（2）

6.2.2　建筑快题设计

（1）建筑快题设计的含义与应用

建筑快题设计是在较短的时间内，较全面且能快速地表达建筑设计意图的一种重要方式。它与一般的手绘表现在内容上有所区别的，一般的手绘训练注重表现形式和技法的训练，而快题设计更注重构思和创意。快题设计一般是有设计命题的，在有限的时间内完成命题的构思与表达，不仅仅是对设计形态的原创速记，还要对其空间结构等要素进行分析记录。因此，快题设计是空间形态设计的创作草图，其中可以加入平面、里面、文字综述来诠释和说明。快题设计表现出一定的原创性、灵感性、多样性和不确定性。

快题设计在建筑手绘表现中占据重要地位，全国硕士研究生考试、全国注册建筑师考试以及多数大型建筑设计院的招聘考试中，快题表现仍然是必不可少的科目，同时它又是相关设计专业的基础课程，对培养和提高学生的创造力和表现力起着重要作用。所以，快题设计是专业学生、行业人员必须掌握的交流语言、设计语言（图 6-2-6）。

（2）快题设计的基础要求及表现内容

1）基础要求

设计理论基础，这是对建筑设计的基本理论、基本要求和基本方法的总体概述，同时也是设计思想来源的重要理论依据，所以要求建筑和相关设计类专业学生及行业人员掌握良好的设计基础和设计 理论，这其中包括平面构成、色彩构成、立体构成、中外建筑史、美学、各个时期的风格流派、人体工程学、建筑材料和装饰材料、环境心理学等一系列与设计相关的基础理论知识，通过这些理论知识的学习与掌握，可以很好地与设计思想相结合，从而设计出功能布局合理、满足审美需求的方案。

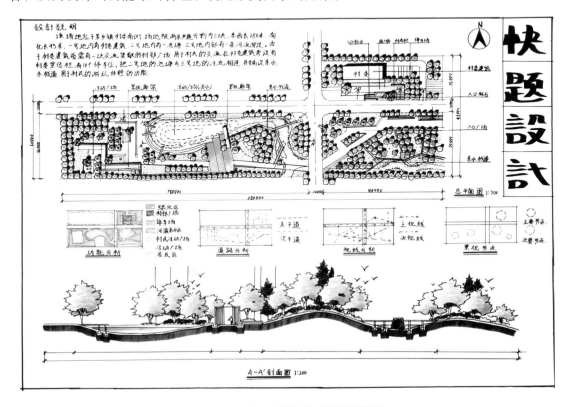

图 6-2-6　景观建筑创作手绘快题设计

2）手绘快题基础

① 平面图。平面图包括平面布置图、立面图、剖面图、节点详图等。一个建筑设计的表现首先要看它的平面布置图，从平面上分析出设计内涵。当方案成熟后，还要看立面、剖面、效果灯图示来理解设计方案。平面图是建筑设计图中最重要的部分，包括空间布局、场地的功能划分、结构分析、节点、功能形式等设计要素。设计师在绘制平面图的时候，应该头脑清晰，突出设计意图，绘制合理的线宽、比例尺寸、功能样式、设计风格、指北针等，最后再加以重要局部的塑造、添加阴影，将效果清晰地呈现出来。任何设计都是以解决功能组织问题为前提的，一个好的平面图可以一目了然地将设计方案的整体空间关系表现出来（图 6-2-7）。

平面图的元素表现要选用恰当的图例。层次感要分明，有立体感、整体感、统一感。图中重要场地和元素的绘制要相对细致，而一般元素可以简单绘制，以烘托重点，且节约时间。良好的设计配合表现恰当的平面，总会赢得设计的成功（图 6-2-8）。

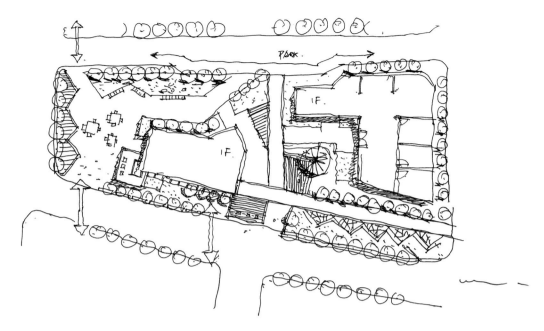

图 6-2-7　建筑快题手绘平面图线稿

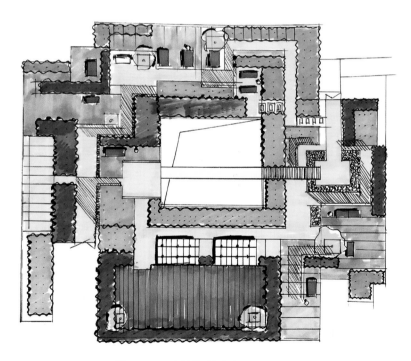

图 6-2-8　建筑快题手绘平面图作品

②透视图。空间透视图一般是根据平面图、立面图绘制而成的。透视图，顾名思义就是遵循透视原理进行手绘和表现的效果图，其成像原理与人的眼睛或摄像机的镜头原理相同，具有近大远小的距离感。透视图能够把失去、空间环境正确的反映到画面上（图 6-2-9、图 6-2-10）。

图 6-2-9 建筑快题手绘透视图（1）

图 6-2-10 建筑快题手绘透视图（2）

3）快题设计的表现内容

设计主题：根据所给的题目大意和设计要求进行创意。

设计说明：说明建筑设计的整体思路和设计理念，语言要准确、简练。

平面图：包括空间功能分区、陈设布置、适当的绿化植被、地面铺装、图纸名称和比例、标注、材料标注等。

立面图：包括建筑外立面造型处理、建筑材料的示意、标高、尺寸标注、图纸名称及比例。

图 6-2-11 ～图 6-2-15 为参考图例。

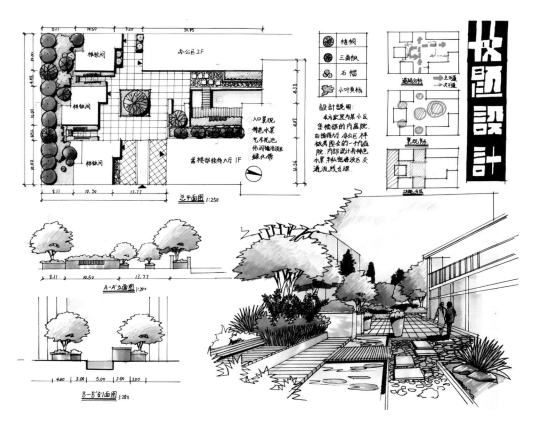

图 6-2-11　建筑手绘快题设计（1）

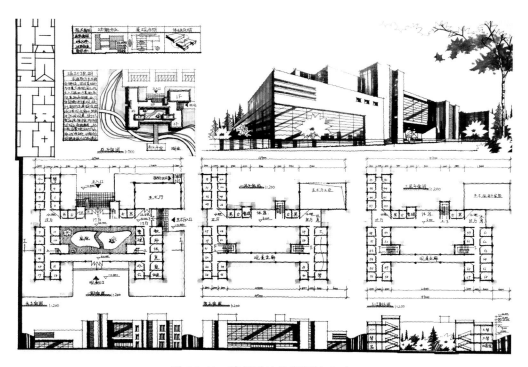

图 6-2-12　建筑手绘快题设计（2）

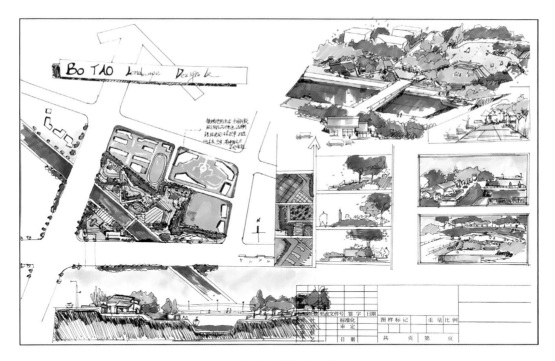

图 6-2-13　建筑手绘快题设计（3）

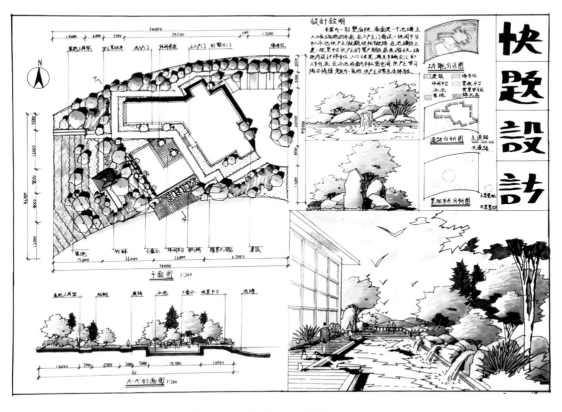

图 6-2-14　建筑手绘快题设计（4）

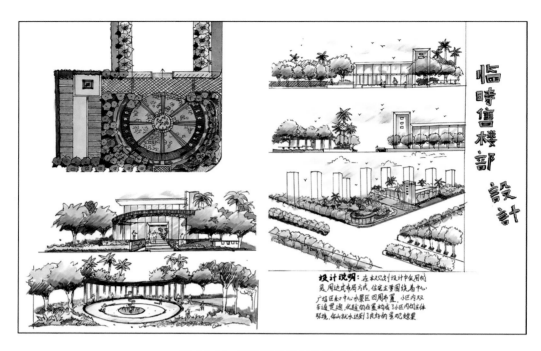

图 6-2-15 建筑手绘快题设计（5）

6.3 建筑场景综合表现

6.3.1 建筑场景表现的基本方法

建筑场景的表现是至关重要的，它是体现建筑和环境的综合体，其基本技法我们在第2章节已经系统讲解，这里不再赘述。独自完成建筑场景手绘作品时，要注意建筑场景手绘所要表达的内容：

① 着重绘制画面的核心部分，也是建筑场景的主要部分和构件。

② 主景和配景合理组织，烘托重要的建筑部分。

③ 线条疏密有致，利用黑白灰的关系来营造空间感。

④ 色彩作为辅助，为建筑场景的画面服务。

图 6-3-1 ～图 6-3-5 为参考图例。

6.3.2 建筑场景快速表现综合分析

线稿的快速表达可以直接表达空间，而上色是在线稿的基础上润色和深化，二者可以单独存在，也可以相互结合。在建筑设计的过程中，前期的空间草图构思能很好地表现空间的概念设计，有助于设计师对方案进行推敲、深化，同时也可以快捷地将设计成果展示给团队和甲方。所以，此时的草图空间能概念性地展示出场景宏观上的内容和气氛即可。

图 6-3-1　建筑场景手绘线稿

图 6-3-2　操场场景手绘线稿

图 6-3-3　别墅建筑场景彩色铅笔手绘

图 6-3-4 现代别墅场景彩铅手绘表现

图 6-3-5 建筑场景彩铅手绘表现

在训练建筑场景手绘的时候，应主要从画面的构图、空间的进深和快速上色三方面来深化。不仅仅要注意建筑的构成关系和尺度，还要能迅速地勾画出配景，同时，刻画内容从中心向四周细致程度逐渐的递减，会使空间更具层次感（图6-3-6）。

图6-3-6　场景快速表现线条概念分析

快速表现时，一般采取简洁的线条去处理，由于植物等配景的介入，使得画面技法表现难度增加，步骤繁琐，因此在表现植物等配景的时候，线条要尽可能地简洁明了，仅展示配景的烘托作用即可（图6-3-7～图6-3-10）。

建筑场景的快速表现不仅仅是高效的，而且在表达的时候也是相当放松的。它没有固定的表现样式，也不用太在意绘制时候的状态和要求，一切都是快速推进、逐步丰富的，可以随机出现多种形式。在这个过程中，一切的想法和构思会随着草图快速的绘制而变得更有趣和更丰富，甚至出乎意料，这样的构思创作训练会一步步增强设计师对方案概念设计的敏感度。

在快速表现的时候，对于线条的概念，其实不在乎是直线和曲线，因地制宜即可。比如画较短的线条时，直线很好把握，而画较长的线条时，一气呵成地画笔直的线条就比较困难，效果也比较死板，一般多以颤线来表达，但是首尾相接要果断有力，才能明确它的转指和结构关系。因此，一幅快速表现图应该是曲直结合、灵活组织，这样会发现一直困扰的线条表现就没那么难了，同时，随性的线条会偶然引发出新的思路，也增强了建筑设计方案的创造性。

图 6-3-7　传统建筑快速手绘表现

图 6-3-8　现代建筑快速手绘表现（仰视）

图 6-3-9　现代建筑快速手绘表现（俯视）

图 6-3-10　现代建筑彩铅手绘快速表现

　　流畅的线条组织会使画面空间更加精彩，要注意从画面中心向四周形成由密到疏、由丰富到简练的变化效果，同时地面的线条排列组织会让画面显得更加沉稳。快速表现阶段的空间的概括和重要元素的提取，会让空间感更加强烈，也便于设计思维的进一步发散（图 6-3-11 ～ 图 6-3-14）。

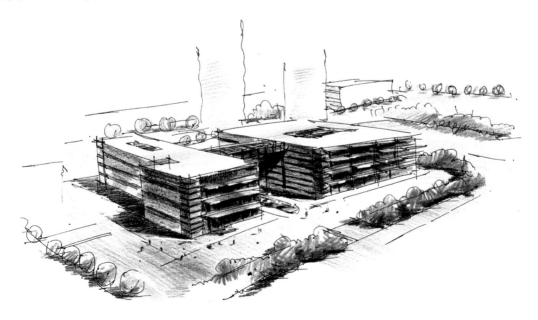

图 6-3-11　彩色铅笔建筑手绘快速表现

图 6-3-12　现代建筑环境彩铅手绘快速表现

图 6-3-13　现代建筑彩色铅笔手绘快速表现

图 6-3-14　现代建筑马克笔手绘快速表现

　　结合建筑的各种结构形式进行空间构思的训练，然后总结记录，有利于创作时快速建立空间架构。同时，对空间的形体要有一定的创新思维、发散思维、突破思维。例如在完成主体形体塑造的同时，还需要考虑周围空间要素的衬托效果，在画面中快速地处理好配景空间，这样才能完整地完成一张快速表现的手绘作品（图 6-3-15、图 6-3-16）。

图 6-3-15　现代公共建筑马克笔手绘快速表现

图 6-3-16　某售楼部马克笔手绘快速表现（俯视）

为了凸显空间透视的表达，勾勒线条的时候应注重加强角度的透视感，以深化表达建筑的气势，使整个画面表现更有张力。建筑手绘快速表现应注意以下几点。

① 建筑体块重要的结构线勾勒时候线条应该流畅清晰，线条相接的时候应有交叉和停顿，果断有力。

② 勾勒建筑门窗、材质线、阴影线的时候，可以微微放松，力度不超过结构线。

③ 强化主体的描绘，简化配景，对于配景只需勾勒线条或者主干即可，远景的线条要放松，以此衬托画面的体。

④ 突出空间关系，明确画面中前中后的层次关系，做到主次协调（图 6-3-17）。

图 6-3-17　某售楼部马克笔手绘快速表现

线稿快速表现完成后，可以适当给画面做些颜色处理。比如，可以给画面主体上色，突出主次，也可以给配景上色来衬托主体，总之突出重点是目的，而不需要过多深入，否则反而会喧宾夺主，同时也浪费时间。所以大家要谨记"设色简单"的概念（图6-3-18～图6-3-20）。

图 6-3-18　现代公共建筑马克笔手绘快速表现

图 6-3-19　现代建筑马克笔手绘快速表现

图 6-3-20　别墅环境马克笔手绘快速表现

6.4　建筑手绘作品欣赏

6.4.1　中式传统建筑手绘

作品如图 6-4-1 ～图 6-4-5 所示。

图 6-4-1　中式传统建筑手绘写生线稿

图 6-4-2 苗寨手绘写生线稿

图 6-4-3 千年苗寨手绘写生线稿

图 6-4-4　云南丽江古建筑手绘写生线稿

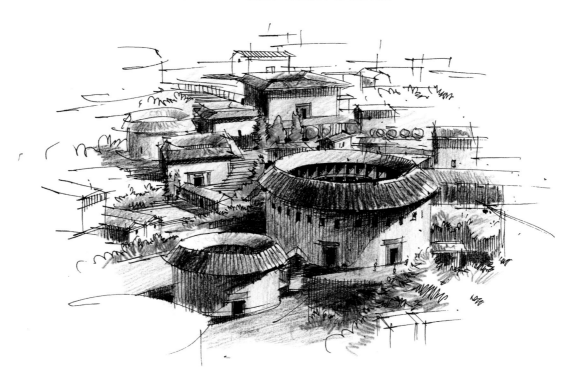

图 6-4-5　福建土楼彩铅写生手绘表现

6.4.2 欧式传统建筑手绘

作品如图 6-4-6 ～图 6-4-15 所示。

图 6-4-6 欧洲传统建筑写生线稿（1）

图 6-4-7 欧洲传统建筑写生线稿（2）

图 6-4-8　欧洲传统建筑写生线稿（3）

图 6-4-9　欧洲传统建筑写生线稿（4）

图 6-4-10   圣米歇尔山建筑鸟瞰写生线稿

图 6-4-11   斯图加特市政广场彩铅写生表现

图 6-4-12　欧洲传统建筑彩铅写生表现（1）

图 6-4-13　欧洲传统建筑彩铅写生表现（2）

图 6-4-14　欧洲传统建筑马克笔手绘写生表现（1）

图 6-4-15　欧洲传统建筑马克笔手绘写生表现（2）

6.4.3　现代建筑手绘

作品如图 6-4-16 ～图 6-4-33 所示。

图 6-4-16　现代建筑手绘线稿（1）

图 6-4-17　现代建筑手绘线稿（2）

图 6-4-18　现代建筑手绘线稿（3）

图 6-4-19　现代建筑手绘线稿（4）

图 6-4-20　现代建筑手绘线稿（5）

图 6-4-21　现代建筑彩色铅笔手绘（1）

图 6-4-22　现代建筑彩色铅笔手绘（2）

图 6-4-23　现代建筑彩色铅笔手绘（3）

图 6-4-24　现代建筑彩色铅笔手绘（4）

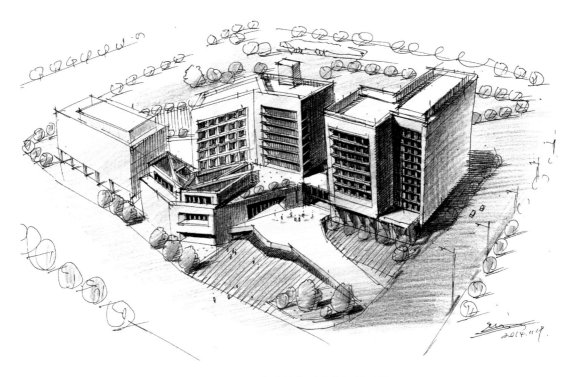

图 6-4-25 现代建筑鸟瞰彩色铅笔手绘

图 6-4-26 现代建筑彩色铅笔手绘（5）

图 6-4-27　现代建筑马克笔手绘表现（1）

图 6-4-28　现代建筑马克笔手绘表现（2）

图 6-4-29 现代公共建筑马克笔手绘表现

图 6-4-30 商场建筑马克笔手绘表现

图 6-4-31　商业建筑马克笔手绘表现

图 6-4-32　景观别墅建筑马克笔手绘表现（1）

图 6-4-33　景观别墅建筑马克笔手绘表现（2）

参考文献

[1] 郑超意.印象手绘:室内设计手绘透视技法.北京:人民邮电出版社,2014.

[2] 詹姆斯.理查兹著,程玺译.手绘与发现:设计师的城市速写和概念指南.北京:电子工业出版社,2014.

[3] 孙述虎.景观设计手绘:草图与细节.南京:江苏人民出版社,2013.

[4] 李磊.印象手绘:室内设计手绘教程.北京:人民邮电出版社,2014.

[5] 邓蒲兵.景观设计手绘表现.第2版.上海:东华大学出版社,2016.

[6] 赵国斌,周雪.设计思维与徒手表现(空间快题设计).沈阳:辽宁美术出版社,2013.

[7] 陈红卫.陈红卫手绘表现技法.上海:东华大学出版社,2013.

[8] 钟训正.建筑画环境表现与技法.北京:中国建筑工业出版社,2009.